教育部－浪潮集团产学合作协同育人项目成果　　　　　　　　技术人才培养系列教材

inspur 浪潮

Python

机器学习基础

浪潮优派◎策划

王鲁昆◎主编

冉凡伟 顾士博 田春鹏◎副主编

人民邮电出版社

北　京

图书在版编目（CIP）数据

Python机器学习基础 / 王鲁昆主编. -- 北京：人民邮电出版社，2023.4

信息技术人才培养系列教材

ISBN 978-7-115-56217-3

Ⅰ．①P… Ⅱ．①王… Ⅲ．①软件工具－程序设计－教材②机器学习－教材 Ⅳ．①TP311.561②TP181

中国版本图书馆CIP数据核字(2021)第054066号

内 容 提 要

Python 是当前流行的编程语言，简单易学、应用广泛。本书以 Python 为基础开发语言，全面系统地讲解了机器学习的相关知识。本书共 9 章，主要内容包括机器学习的基本概念，Python 及其库的入门，机器学习中常用算法的理论介绍、项目实现和优缺点分析，数据预处理，特征工程，模型评估及改进，综合实战等。

本书可作为普通高等院校计算机相关专业的教材，还可作为社会培训机构的教材，也适合计算机爱好者自学使用。

◆ 主 编 王鲁昆

副 主 编 冉凡伟 顾士博 田春鹏

责任编辑 张 斌

责任印制 王 郁 陈 犇

◆ 人民邮电出版社出版发行　北京市丰台区成寿寺路 11 号

邮编 100164　电子邮件 315@ptpress.com.cn

网址 https://www.ptpress.com.cn

涿州市京南印刷厂印刷

◆ 开本：787×1092　1/16

印张：12.5　　　　　　2023 年 4 月第 1 版

字数：278 千字　　　　2023 年 4 月河北第 1 次印刷

定价：49.80 元

读者服务热线：(010)81055256　印装质量热线：(010)81055316

反盗版热线：(010)81055315

广告经营许可证：京东市监广登字 20170147 号

20世纪50年代，人工智能（artificial intelligence，AI）这一概念被提出。人工智能经过几十年的发展，发展过程中有高峰也有低谷。近年来，随着大数据技术的进步和计算机计算能力的提高，人工智能技术水平也得到大幅度的提升。人工智能已经进入图像识别、语音识别、自然语言处理、仿生机器人等各个领域。

机器学习（machine learning）是人工智能的技术基础，伴随着人工智能的发展，也有过几次大起大落。与机器学习十分密切的概念有数据挖掘、大数据分析等，这些技术使用了机器学习的方法和算法，解决了企业应用的问题，能辅助业务人员和管理人员做出更好的决策。几种技术相辅相成，共同促进了人工智能的进步。

Python语言凭借其语法简单、优雅、面向对象、可扩展等优点，受到广大开发者的喜爱。而且，Python不仅提供了丰富的数据结构，还具有诸如 NumPy、SciPy、Matplotlib 等丰富的数据科学计算库，为机器学习的开发带来了极大的便利。因此，本书采用 Python 作为开发语言。

本书的主要内容包括 Python 和机器学习的基本概念、机器学习中常用的算法、数据预处理、特征工程及综合实战案例等，重点讨论了机器学习算法的实现，帮助读者使用 Python 逐步构建一个有效的机器学习应用。

本书的主要特点如下。

（1）本书是浪潮集团产学合作协同育人项目的成果，理论与实践相结合，案例丰富，既兼顾机器学习理论的系统性，又能体现机器学习的应用。大多数章节都有典型的 Python 算法和案例，方便读者学习理解。

（2）在讲解传统的机器学习理论的基础上，介绍了机器学习目前的技术发展前沿和热点内容。

（3）配套资源丰富，提供教学课件、教学大纲、教案、习题答案、全书示例源代码、扩展阅读等参考资料，读者可登录人邮教育社区（www.ryjiaoyu.com）下载。

由于编者水平有限，书中不当之处在所难免，欢迎读者反馈。

编者

2022 年 8 月

目 录 CONTENTS

第1章 概述

如今，智能手机已经很普遍了。大多智能手机都有语音助手，当我们向它提问题时，它可以轻松地解答，甚至还能像人一样和我们聊天。那么你有没有想过，智能手机又不是人，为什么能与人进行对话呢？这就与本书介绍的机器学习（machine learning）有关。语音识别是机器学习领域中的一个新兴领域，通过自然语言处理（natural language processing，NLP）识别语音，然后利用机器学习算法将语音转化成数字信息，并做出回应。自然语言处理是人工智能的一大重要领域，本书不做深入讲解，有兴趣的读者可自行查阅资料。本书主要介绍机器学习的基础知识，读者将会了解到语音是怎么转化成数字信息的，智能手机又是怎么做出回应的。

本章首先介绍什么是机器学习，然后介绍机器学习的相关概念和知识。

1.1 什么是机器学习

机器学习是人工智能的一个分支，因其由统计学发展而来，其算法中包含了大量的统计学知识和理论，所以又被称为统计学习（statistical learning）。许多人认为机器学习十分高深，只有大型科研团队才会用到，其实机器学习在我们的日常生活中广泛存在，例如智能手机中的语音助手、搜索引擎、地图路线规划等都使用了机器学习。现在机器学习成为一门涉及概率论、统计学等学科的交叉学科，并在数据挖掘、计算机视觉等方面有了广泛的应用。那么机器学习到底是什么呢？

机器学习就是赋予机器学习能力，让机器不用通过显式编程就可以从数据中提取内容，然后做出预测。举一个简单的例子，按照如下方法计算中国人的理想体重：

北方人标准体重数值（kg）=[身高数值（cm）-150]×0.6+50

南方人标准体重数值（kg）=[身高数值（cm）-150]×0.6+48

在标准体重基础上的±10%范围内的则属于理想体重。假设有大量如表1-1所示的数据，我们想要了解某人的体重是否符合理想体重，只需要根据公式计算即可。但是对于机器，不给予它计算公式，只根据这些数据，通过机器学习仍可以判断该人的体重是否符合理想体重。与之相似的还有利用机器学习处理经典的鸢尾花数据集，在第3章会有详细讲解。

表 1-1 一些南方人、北方人的基本信息

编号	性别	身高/cm	体重/kg	地区	是否理想
1	男	182	60	北方	偏瘦
2	女	164	55	南方	理想
3	男	175	62	南方	理想
4	女	172	55	北方	偏瘦
5	男	173	70	南方	偏胖
6	女	160	65	南方	偏胖

上述例子只是一个简单的例子，机器学习还可以让机器模拟人类的思维来进行工作，并适应不同环境下的各种工作，以承担人类难以完成的工作。机器学习通过对输入数据进行处理，从中主动寻求规律，验证规律，最后得出结论，机器据此结论自主解决问题。最主要的是，如果出现了偏差，机器学习会自动纠错，降低错误率。通过机器学习来处理问题，不但降低了错误率，还省去了人力，机器帮助人类解决人类难以解决的问题的理想必然会向前迈出实质性的一步。这就是研究机器学习的目的和意义。

1.2　机器学习的算法

在机器学习中，如何选择算法是一个重要的问题，需要根据具体的问题来选择合适的算法。算法根据学习方式一般分为两种类型，一种是监督学习（supervised learning），另一种是无监督学习（unsupervised learning）。

（1）监督学习是指通过已经训练过的数据来训练模型。如果有一组训练数据，包括输入和对应的输出，通过算法训练，就可以得到一个最优的模型。再输入新的数据后，监督学习算法会根据模型输出相应的预测，这样就能得到一个最优的预测。监督学习算法往往用于预测性研究。

（2）无监督学习被称为"没有老师的学习"，即没有训练的过程，同时数据也只有输入，没有对应的输出，直接通过数据和算法进行建模和分析，这意味着模型要通过机器学习自行探索出来。这听起来似乎有点不可思议，但是在我们自身认识世界的过程中也会用到无监督学习。无监督学习算法往往用于探究性研究。

除了这两种类型以外，还有半监督学习（semi-supervised learning）和强化学习（reinforcement learning）。半监督学习是监督学习和无监督学习相结合而产生的一种学习方式。它主要考虑如何利用少量标注数据和大量未标注数据进行训练和分类的问题，其算法主要在监督学习算法上进行扩展。半监督学习对提高机器学习性能具有非常重大的实际意义。强化学习在传统的机器学习算法分类中没有提到，但联结主义（connectionism）把学习算法分为 3 种类型，即无监督学习、监督学习和强化学习。

1.3　监督学习

前面介绍了监督学习通过训练数据来建立模型，训练数据必须包括特征和标签等信息，例

如，邮箱在对垃圾邮件进行检测时，会以邮件中的文字作为特征，来区分邮件是否属于垃圾邮件，而邮箱给出的结果（该邮件是否属于垃圾邮件）就是标签。

监督学习算法根据任务的侧重点可以分为分类（classification）算法和回归（regression）算法。监督学习算法常用于解决分类问题，例如某人的体重是否符合理想体重问题和上述的垃圾邮件的检测等，监督学习算法通过已有的训练样本去训练得到一个最优模型，再利用这个模型将所有的输入映射为相应的输出。回归问题通常会给定多个自变量、一个因变量以及一些代表它们之间关系的训练样本，要求确定它们的关系，例如对一天中温度的预测，通常采用后文要讲到的线性回归、降维、支持向量回归等来解决。

分类问题与回归问题的差异就是分类问题预测的标签往往是间断的，也就是说要将输入映射到离散类别，例如，一个正整数要么是奇数，要么是偶数，如图 1-1 所示。

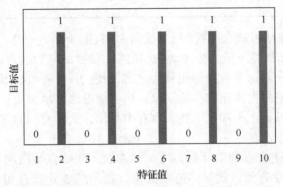

图 1-1　判断一个正整数是否为偶数

而回归问题预测的标签往往是连续的，也就是说要将输入映射到一些连续函数上，例如，在对全年降水量与温度的预测中，其标签是连续的值，如图 1-2 所示。

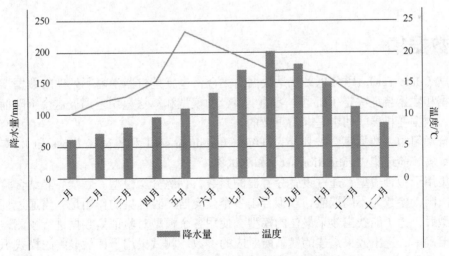

图 1-2　某地区全年降水量与温度的预测

1.4　无监督学习

在无监督学习中，我们知道其处理的数据是没有标签的，所以无法按照标签进行划分，那么它是如何进行工作的呢？在无监督学习中有专门的算法来训练这种没有标签的数据，即聚类算法。聚类算法是无监督学习中一种典型的算法，可以根据数据的特征进行建模。聚类问题如表 1-2 所示，其中 1 代表含有该项，0 代表不含该项。

表 1–2　　　　　　　　　　　　　　　　　　　聚类问题

细胞数据分组	是否含有中心体	是否含有细胞壁
数据 1	1	0
数据 2	0	1
数据 3	1	0
数据 4	1	0
数据 5	0	1

在表 1-2 中，聚类算法可能会将数据 1、数据 3、数据 4 分为一类，而将数据 2 和数据 5 分为一类，根据信息我们知道其可能会分为动物和植物。动物的细胞通常含中心体而不含细胞壁，植物的细胞正好相反。在对这些数据运用算法之前，我们并没有给机器提供标签，而是让机器自主完成分类。对于这些数据量比较小的问题，机器能够很好地解决；但是现实中的情况复杂得多，例如在此问题的基础上再加上一些既含有中心体，又含有细胞壁的低等植物数据，机器再进行二聚类就很难了。

在无监督学习中，还有一种重要的方法——降维。降维就是指将数据从高维空间映射到低维空间。例如，对于立方体，我们知道根据长、宽、高 3 个特征可以实现可视化，如在坐标图中画出此立方体，且根据坐标轴的 8 个象限，总有方法可以对立方体进行划分。但是如果给出了 4 个特征，就无法通过可视化来观察数据，虽然也能对立方体进行划分，但是当维度过高、特征量过大的时候，得到的划分结果就难以理解了，这也是人工智能多次遭遇瓶颈的原因之一。

1.5　数据集

数据集（data set），顾名思义就是数据的集合，也就是机器学习所处理的数据。业界有一句话：数据和数据特征决定了机器学习的上限，而模型和算法只用于逼近这个上限而已。从中可以看出，数据在机器学习中是非常重要的。

在监督学习中，数据集会被划分为训练集（training set）和测试集（test set），有时也会被划分为训练集、验证集（validation set）和测试集。

训练集用于拟合模型，通过设置分类器的参数，训练分类模型。后续将其结合验证集作用时，会选出同一参数的不同取值，以拟合出多个分类器。验证集的作用是，当通过训练集训练出多个模型后，为了能找出效果最佳的模型，使用各个模型对验证集数据进行预测，并记录模型的预测准确率，选出效果最佳的模型所对应的参数。测试集用于评估最终的模式识别系统的性能和分类能力。即可以把测试集当作从来不存在的数据集，当确定模型参数后，可以使用测试集进行模型预测并评估模型的性能。三者本质上无任何区别，对其进行划分是为了能够泛化（generalization）出更好的模型。

泛化能力是指一个算法通过数据集对新数据的预测能力。在监督学习中，我们知道算法训练数据后会构建模型，如果此时通过构建的模型来预测一些测试集数据的标签，对于每一个测试集数据，模型都能精确预测，就说这个模型能够从训练集泛化到测试集。

是否构建一个越复杂、越能拟合训练集的模型就越好呢？当然不是，还要考虑是否存在过拟合（over-fitting）、欠拟合（under-fitting）。举个例子，假设每个班都有一个班的微信群，老师和同学们都在群里面且都能及时收到消息，如果老师要给全班通知一个消息，那么有两种办法，一是直接在群里下达通知，二是逐个联系班里的每一个人。两种方式都能将消息通知给每一个人，通常我们都会选择前者。后者虽然也能达到目的，但是过于复杂，类似过拟合。机器学习就是机器自主地进行学习，我们"教会"机器一件事，然后机器通过运算和自主学习可以做到相似的所有事，而且不会出现太大偏差。如果我们将出现的所有情况的所有数据都"教"给机器，机器并没有做到自主学习，或者以偏概全，导致其泛化能力不是很好，这时就可能会出现过拟合或欠拟合的现象。

过拟合是指根据数据构建的模型的复杂度过高，对于应用于实际的问题，提供太多不必要的特征，从而导致机器没有理解数据间存在的规律。例如，在排除重名的情况下，去某个地址找人，只需要知道住址、姓名这两个特征就可以完成任务，而不必再增加不必要的特征，如性别、身高、体重等。

欠拟合是指构建的模型的复杂度过低，不能很好地解决实际问题。例如上面的例子，只知道这个人的性别去找人，显然不能很精确地找到。没有选择正确的数据特征，或者在特征条件或数据不足的情况下，模型不能找到数据的规律并预测。

过拟合和欠拟合的情况具体描述如下。

假如图 1-3 中的第 3 个点是特殊点，如果建立模型，并将第 1～5 个点建立在一条线上，则机器所建立的模型显然并不是很正确。当给一个新的数据点时，模型很可能预测失误，这时就出现了过拟合。

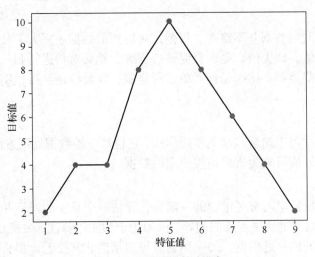

图 1-3　构建的模型过拟合

当数据没有特殊点影响的时候，如果重要特征或者数据过少，也不能建立良好的模型，就出现了欠拟合，如图 1-4 所示。

构建的模型的优劣取决于对测试集的评估和检验，当模型过于简单、特征过于少时，存在欠拟合现象，影响模型的泛化能力，导致其精度不会太高；当构建的模型过于复杂、精确时，会导致过拟合，使模型的泛化能力下降。因此建立一个好的模型是机器学习必不可少的环节。

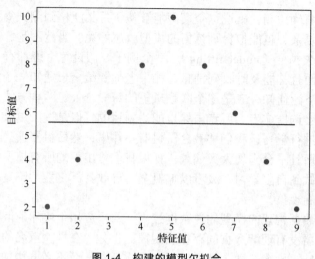

图 1-4 构建的模型欠拟合

1.6 机器学习项目的流程

1. 分析问题，获取数据

当我们遇到一个问题的时候，首先要从问题中研究和提取合适的特征，将其作为项目需要处理的特征，然后将其转化为机器学习能够处理的数据。机器学习训练的过程非常耗时，需要我们仔细寻找合适的数据并确定机器学习的目标是分类、回归还是聚类。此时得到的数据决定了机器学习的上限，所以数据要选择具有代表性的，否则会产生过拟合。

2. 数据预处理

我们在实际中得到的数据并不整齐、规范，对得到的数据还需人工分析数据的格式是否符合要求，是否存在空值、缺失值，是否需要该特征等，然后对其进行归一化、离散化、缺失值处理、去除共线性、降维等。这些工作简单、可复制，收益稳定、可预期，是机器学习基础、必备的步骤。

3. 特征工程

特征工程在机器学习中起着非常重要的作用，它也是一种数据处理方法，会通过特征提取、特征选择等把数据处理成可更为直接地被使用的数据。

4. 评估算法

算法的评估也是机器学习至关重要的一部分，评估一个算法的好坏并不能看其自身的优缺点，而是看算法能否很好地解决实际的问题。例如用于预测的算法，关键是看其预测的准确率，即预测值与实际值之间的接近程度，如果预测值与实际值非常接近，那么可认为该算法是好算法。选择一个合适的算法是建立一个良好模型的前提，现在市面上有很多机器学习算法的工具包，例如 sklearn 等，它们使用起来非常方便。

5. 模型评估与调优

流程中真正考验水平的是根据对算法的理解调节参数，使模型达到最优。通过对模型的参数进行调整来对模型进行训练。训练中至关重要的是判断过拟合、欠拟合，常见的方法是绘制学习曲线，交叉验证（cross validation）。通过增加训练的数据量、降低模型复杂度来降低过拟合的风险，通过提高特征的数量和质量、增加模型复杂度来防止欠拟合发生。误差分析也是机器学习流程中非常重要的一步，通过测试数据，验证模型的有效性，观察误差样本，分析误差产生的原因。由算法训练并建立的模型被作用到测试集上检验其精度。若检验不合格，则将模型重新返回到算法进行学习，直至得到的模型比较精确，这样做往往能使我们找到提升算法性能的突破点。误差分析主要用于分析误差来源与数据、特征、算法。建立的模型需要进行误差分析，分析之后需要进行进一步调优。这是一个反复迭代、不断逼近的过程，需要不断地尝试，进而使模型达到最优的状态。

6. 模型融合

一般来说，实际运用中成熟的机器算法并不是很多，提升算法准确度的主要方法是使模型的前端（特征工程、清洗、预处理、采样）和后端互相融合。在机器学习比赛中模型融合非常常见，大都能使模型的效果有一定的改善。

7. 上线运行

上线运行主要与项目实现的相关度比较大。项目是结果导向的，模型在线上运行的效果好坏直接决定模型的成败。其效果不只包括其准确程度、误差等情况，还包括其运行的速度（时间复杂度）、资源消耗程度（空间复杂度）、稳定性是否可接受等。

一个完整的机器学习项目的流程通常会有以上步骤，但不一定包含所有步骤。只有多实践、多积累项目经验，读者才会对机器学习项目有更深刻的认识。

1.7　小结

本章首先介绍了机器学习的概念和应用，以及机器学习的目的和意义。之后简要介绍了机器学习及其算法，包括监督学习、无监督学习、分类算法、回归算法、聚类算法等。然后又对数据集、训练集、验证集、测试集、泛化、过拟合、欠拟合等概念做了介绍。最后对整个机器学习项目的流程进行了介绍。

通过本章的学习，读者应该对机器学习有一定的认识。本章要求读者掌握机器学习的相关概念，并对机器学习项目的流程有一定的了解。

习题 1

1. 什么是机器学习？
2. 机器学习的算法分为几种？
3. 分类算法与回归算法的区别是什么？
4. 在监督学习中，数据集可以划分为几种？各自的作用是什么？
5. 机器学习的泛化能力是指什么？
6. 什么时候会产生过拟合？什么时候会产生欠拟合？
7. 机器学习项目的流程包括哪些步骤？

02 第2章 Python入门

随着人工智能的发展，很多人想学习机器学习，那么究竟选择什么语言呢？在信息发达、语言众多的情况下，我们为什么选择 Python？根据数据分析，机器学习中使用得最多的语言就是 Python。Python 一般来说没有 C 语言运行速度快，又没有 R 语言开发速度快，为什么还能占据使用量的榜首呢？接下来让我们了解一下 Python 语言。

2.1 Python 语言介绍

Python 作为一门开源语言，使用广泛，入门非常快，语法简单、易读，是一门解释性强、交互式、面向对象、跨平台的语言。有相关数据显示，Python 语言的使用率占据机器学习使用语言排行榜的榜首。从 Python 自身来说，其实这可以归因于 Python 语法的简单。

Python 还被称为"胶水语言"，它不仅可以使用 Python 语言编程，还可以使用 C 语言、C++编程，它把耗时的代码交给 C/C++等高效率的语言进行实现，然后通过"黏合"来使用代码，这样就使 Python 运行速度得到优化。Python 还具有列表、元组、字典等核心数据类型，以及无须进一步编程就能直接使用集合、队列等数据类型。

选择 Python 还有一个重要的原因，就是 Python 拥有众多第三方库。由于 Python 可以应用到多个领域，功能比较丰富，可扩展性强，因此基于 Python 生成了非常多的第三方库。Python 本身不包含这些库，使用它们时需要先安装，然后才能导入。大量的第三方库可以被运用到机器学习中，例如图形库、数学函数库、机器学习算法库等。

2.2 Python 平台搭建

Python 适用于多个平台，并且拥有多个版本，用户可以通过 Python 官方网站根据自己的平台选择合适的版本下载。

本书中的代码运行和安装都基于 Windows 平台，Python 在其他平台上的安装方法和 Python 其他版本的安装方法都大同小异。用户可以通过 Python 官方网站下载安装包后进行安装，然后勾选"Add Python to PATH"选项，就可以省去手动添加环境变量的步骤。除了安装位置，其余设置保持默认值即可。

安装完成后，打开命令提示符窗口，输入 Python -V，如果出现以下界面则表示安装成功：

```
C:\Users\1005>Python -V
Python 3.8.3
```

Python 安装完成后，为了方便应用，还可以选择并安装一款编译器。本书选择了 JetBrains PyCharm，这是一款优秀的编译器，可跨平台使用，带有提高效率的开发工具，例如调试、语法高亮、代码跳转等。通过其官方网站下载安装包并安装后打开，如图 2-1 所示，单击"Create New Project"按钮就可以开始创建项目了。

图 2-1　PyCharm 界面

项目创建完成后我们就可以编写 Python 代码了，但这只是第一步，还需要安装第三方库。pip 是 Python 自带的一个官方推荐的包管理工具，通过它可以安装所需的第三方库。在安装第三方库之前，需要先去其官方网站下载，然后进行 pip 安装。本书用到的第三方库有 sklearn、mglearn、NumPy、SciPy、pandas、Matplotlib、Graphviz 等。

首先打开命令提示符窗口，然后利用 pip install ×××（×××为相应的库名）命令逐步安装 sklearn、mglearn 等。例如：

```
C:\Users\10052>pip install sklearn
Collecting sklearn
Requirement already satisfied: sklearn in c:\python37\lib\site-packages (0.0)
  Requirement already satisfied: scikit-learn in c:\python37\lib\site-packages
(from sklearn) (0.20.3)
  Requirement already satisfied: numpy>=1.9.2 in c:\python37\lib\site-packages
(from scikit-learn→sklearn) (1.18.2+mkl)
  Requirement already satisfied: scipy>=0.14.2 in c:\python37\lib\site-packages
(from scikit-learn→sklearn) (1.3.1)
Installing collected packages: sklearn
    Running setup.py install for sklearn ... done
Successfully installed sklearn-0.0
```

出现 Successfully installed ×××字样则表示安装成功。安装完成后，输入 pip list 命令可以查看当前已经安装的库，如图 2-2 所示。在编译器中选择 File→Settings→Project:untitled→Project Interpreter 命令也能看到，如图 2-3 所示。

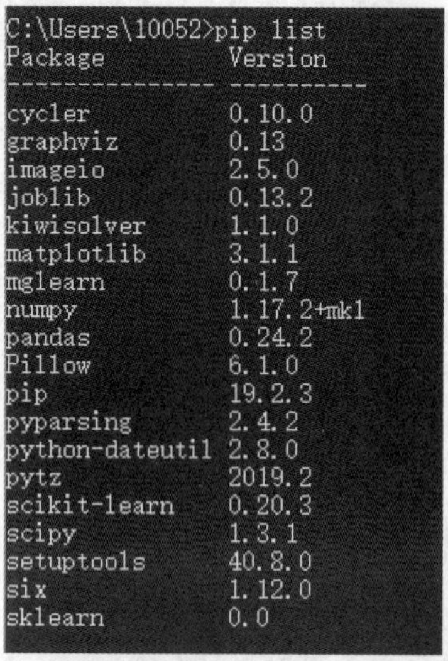

图 2-2 通过 pip list 命令查看已安装的 Python 库 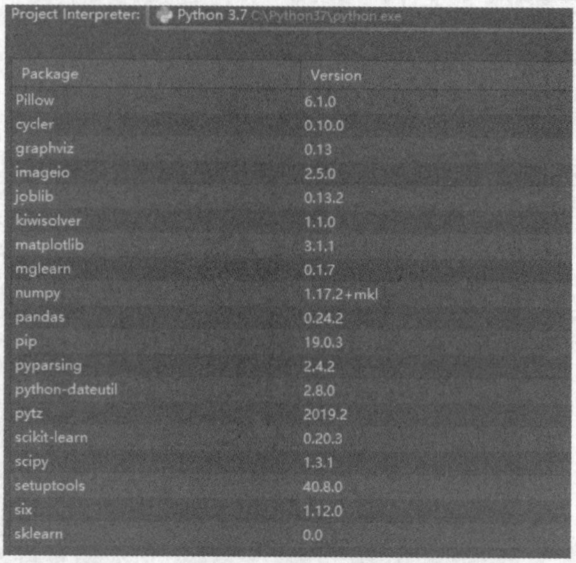   图 2-3 在编译器中查看已安装的 Python 库

完成上述所有库操作后，在编译器中输入下列语句不报错，则代表这些库能正常使用。

```
import sklearn
import mglearn
import numpy
import scipy
import pandas
import matplotlib
import graphviz
```

2.3 Python 的基本概念

Python 语言相对于其他语言在很多地方都进行了简化，例如删除了每个语句后的 ";" 和常用的 "{}"，在语句中一般通过缩进来实现它们的功能。下面介绍常用的 Python 的基本概念。

2.3.1 基本数据类型

我们先从 Python 的基本数据类型说起。Python 和其他语言一样包含数值型、字符串类型、布尔型和空值，但 Python 和其他语言不同的是，在 Python 中定义变量是不需要指定类型的。

1. 数值型

数值型的代码示例如下：

```
a = 123
print(a)
a = 3.14
print(a)
a = 1.23456890
print("{:0.2f}".format(a))
```

输出结果：

```
123
3.14
1.23
```

2. 字符串类型

字符串类型的代码示例如下：

```
str = 'this is a program'
print(str[0])
print(str[-1])
print(str[0:4])
print(len(str))
print(str)
print("{2} {1} {3}".format("this","is","a","program"))
```

输出结果：

```
t
m
this
17
this is a program
a is program
```

在整数类型和字符串类型的匹配中，用到了一个格式化字符串的函数 format()，它不但可以对字符串进行格式化，还能对数值进行格式化。在对字符串的处理中运用了切片，例如输出结果中 str[0]对应第一个字符 t，str[-1]对应最后一个字符 m。

Python 有两种索引方式，一种是正索引，另一种是负索引。我们既可以通过正索引进行查询，也可以通过负索引进行查询。如表 2-1 所示。

表 2-1　　　　　　　　　　　　　　Python 的索引

正索引	负索引	值
0	−6	a
1	−5	b
2	−4	c
3	−3	d
4	−2	e
5	−1	f

在进行切片操作时，一般使用如下语法：

```
object[start_index : end_index : step]
```

start_index：开始索引（包括自身）。

end_index：结束索引（不包括自身）。

step：步数，其值的正负决定了切片方向。

具体例子如下代码所示：

```
str = "abcdef"
print(str[2])
print(str[-2])
print(str[0:6:1])
```

```
print(str[6:0:-1])
print(str[-1:-7:-1])
print(str[-7:-1:1])
print(str[0:-1:1])
print(str[-1:0:-1])
print(str[0:6:3])
```

输出结果：

```
c
e
abcdef
fedcb
fedcba
abcde
abcde
fedcb
ad
```

如果选择开始索引对应的字符在结束索引对应的字符前面，且对字符串进行反方向切片，则代码会产生矛盾，不提供输出结果，代码如下：

```
str = "abcdef"
print(str[0:6:-1])
```

输出结果：

3. 布尔型

布尔型的代码示例如下：

```
true = True
false = False
print(true)
print(false)
```

输出结果：

```
True
False
```

4. 空值

空值的代码示例如下：

```
a = None
print(a)
```

输出结果：

```
None
```

2.3.2 基本运算

1. 运算符

Python 保留了其他语言的基本运算规则，又改变了某些运算符的规则，例如 1/2，在其他语言中，两个整数相除得到的还是一个整数，但是 Python 修改了规则，两个整数相除得到的是现实数学运算中的结果，使用运算符 "//" 的运算才是我们熟知的其他语言中整数相除的运算。Python 还增加了 "**" 运算符，例如 2**31，表示 2 的 31 次方。Python 能存储较大的数值，基本不会出现越界的情况。代码如下：

```
a = 1+2
print(a)
a = 1-2
print(a)
a = 1*2
print(a)
a = 1/2
print(a)
a = 1//2
print(a)
a = 1%2
print(a)
a = 10**32
print(a)
```

输出结果：

```
3
-1
2
0.5
0
1
100000000000000000000000000000000
```

2. 多变量赋值

Python 还简化了多变量赋值。在其他语言中，如果要实现多变量赋值，必须手动定义中间变量，而 Python 通过后台自动定义中间变量，简化了手动操作的步骤。代码如下：

```
a = 1
b = 2
a,b = b,a+b
print(a,b)
```

输出结果：

```
2 3
```

2.3.3　控制语句

1. 条件控制语句

在下面的代码中，input() 用于接收输入，不管输入是何种类型的数据，都会被转换成字符串类型的数据。因此，在 input() 外面添加 int() 进行显式转换，将数据转换成整数类型的数据。在条件控制语句中，注意在每个条件语句后都有一个 ":"；并且 elif 代替了其他语言中的 else if；在条件语句中，与、或、非分别对应 "and" "or" "not"。代码如下：

```
year = int(input("请输入年份："))
if year%4==0 and year%100!=0:
        print("{}年 is leap".format(year))
```

```
elif year%400==0:
    print("{}年 is leap".format(year))
else:
    print("{}年 isn't leap".format(year))
```

输出结果：

```
请输入年份：2000
2000 年 is leap
```

2. 循环语句

通过循环语句，可以看到 range() 函数仍然遵循左闭右开的原则。代码如下：

```
for i in range(5):
    print(i)
```

输出结果：

```
0
1
2
3
4
```

3. 条件循环语句

在 Python 中是没有自增或者自减运算符的，自增和自减可以通过 n=n+1 和 n=n-1 来实现。这里赋值号前面的 n 相当于一个新的变量，而不是赋值号后面的 n。在 Python 中，也不支持 do-while 语句，如果需要用到它，可以通过条件循环语句 while(True) 和 break 实现。代码如下：

```
n = 5
while (n):
    print(n)
    n = n - 1
```

输出结果：

```
5
4
3
2
1
```

2.3.4 复杂数据类型

列表（list）、元组（tuple）、字典（dict）、集合（set）是 Python 中常用的复杂数据类型。

1. 列表

列表是可变的数据类型，被创建后可以添加、删除或者搜索数据，在 Python 中用[]表示。代码如下：

```
list = ['a','b','c']
print(list)
list.append('d')
print(list)
list.extend('e')
```

```
    print(list)
    list.remove('e')
    print(list)
```

输出结果：

```
    ['a', 'b', 'c']
    ['a', 'b', 'c', 'd']
    ['a', 'b', 'c', 'd', 'e']
    ['a', 'b', 'c', 'd']
```

2. 元组

元组和列表相似，但元组不可变，即不能添加或删除元组内的信息。但元组可以嵌套列表或元组。它在 Python 中用()表示。代码如下：

```
    list = ['b','c']
    tuple = ('a',list,'d')
    print(tuple)
    list.remove('c')
    print(tuple)
    tuple[1].append('c')
    print(tuple)
```

虽然元组不可变，但是元组内嵌套的列表是可变的。

3. 字典

字典是可变的，其元素类型包括键和值，键和值用"："隔开，每个元素用"，"隔开。且字典中的键是唯一的。它在 Python 中用{}表示。代码如下：

```
    dict = {'a':1,'b':2,'c':'three'}
    print(dict.keys())
    print(dict.values())
    print(dict['c'])
    dict['c']=3
    print(dict['c'])
    dict.setdefault('d',4)
    print(dict)
    dict.pop('a')
    print(dict)
    dict.clear()
    print(dict)
```

输出结果：

```
    dict_keys(['a', 'b', 'c'])
    dict_values([1, 2, 'three'])
    three
    3
    {'a': 1, 'b': 2, 'c': 3, 'd': 4}
    {'b': 2, 'c': 3, 'd': 4}
    {}
```

4. 集合

集合与字典类似，但只包含键，没有对应的值，且包含的键不能重复。它在 Python 中用 set()或{}表示，set()中可以是列表、元组、字符串等。代码如下：

```
s = set([1,2,3])
print(s)
s = {1,2,3}
print(s)
s = set("aabbc")
print(s)
```

输出结果：

```
{1, 2, 3}
{1, 2, 3}
{'c', 'b', 'a'}
```

2.3.5　函数

函数在任何时候都非常重要。自己建立函数解决机器学习问题，是一件不容易的事。

Python 中函数的语法：利用 def 作为关键字开头，def 后面跟函数名、参数等，通过缩进表示函数内的内容。代码如下：

```
def fun(n):
    if n==1 or n==0:
        return 1
    else:
        return n*fun(n-1)
print(fun(5))
```

输出结果：

```
120
```

2.4　Python 库的使用

1. scikit-learn

scikit-learn 被简称为 sklearn，是机器学习相关较重要的 Python 库之一，其中包括大量的机器学习算法，还包括大量的小型数据集，可节省为了获取数据集应花费的时间，使新手很容易上手，因而成为广泛应用的、重要的机器学习库。sklearn 还包括许多功能，例如分类、回归、聚类、降维、模型选择和数据的预处理等。

2. mglearn

机器学习主要运用到 mglearn 库的两个方面：一是利用 Matplotlib 作图时，mglearn 库中有配置好的配色方案；二是 mglearn 库中有加载和获取常用数据集、人工生成数据集的模板 load，可以引用 sklearn.datasets 模块。

3. NumPy

NumPy 支持大量高级的维度数组与矩阵运算，它要求列表中所有元素类型都是相同的，然后将列表转换成相对应的数组进行运算。而且 NumPy 具有矢量运算能力，运算快速、节省空间。此外，NumPy 针对数组运算提供大量的数学函数库。NumPy 库的简单应用如下：

```
import numpy as np
data = [[1,2,3],[4,5,6],[7,8,9]]
print(data)
```

输出结果：

```
[[1, 2, 3], [4, 5, 6], [7, 8, 9]]
```

先创建一个嵌套的列表，接下来利用 NumPy 库进行处理。代码如下：

```
import numpy as np
data = [[1,2,3],[4,5,6],[7,8,9]]
ndarray = np.array(data)
print(ndarray.shape)
print(ndarray)
```

输出结果：

```
(3, 3)
[[1 2 3]
 [4 5 6]
 [7 8 9]]
```

可以看到通过 NumPy 库的处理，列表此时已经转换成 3×3 的矩阵。接下来分别对这两个数据进行矢量运算，看会出现什么结果。代码如下：

```
import numpy as np
data = [[1,2,3],[4,5,6],[7,8,9]]
ndarray = np.array(data)
print("data 数据:\n{}".format(data*2))
print("ndarray 数据:\n{}".format(ndarray*2))
```

输出结果：

```
data 数据:
[[1, 2, 3], [4, 5, 6], [7, 8, 9], [1, 2, 3], [4, 5, 6], [7, 8, 9]]
ndarray 数据:
[[ 2  4  6]
 [ 8 10 12]
 [14 16 18]]
```

可以看到经 NumPy 库处理的数据进行了矢量运算，而原始数据只对自己进行了复制。

在一维数据中可以通过切片访问数据，在处理过的矩阵中也可以通过切片访问数据。代码如下：

```
import numpy as np
data = [[1,2,3],[4,5,6],[7,8,9]]
ndarray = np.array(data)
print(ndarray[1,2])
print(ndarray[1,:])
print(ndarray[:,2])
```

输出结果：

```
6
[4 5 6]
[3 6 9]
```

通过切片可以访问某行、某列或者某一个数据。与一维数据相比，二维矩阵中的数据通过在行、列的位置之间加个 "," 即可访问。

4. SciPy

SciPy 建立在 NumPy 的基础之上，是用于数学、科学、工程领域的第三方库。它主要用于有效计算 NumPy 数组，使 NumPy 和 SciPy 协同工作，高效解决问题，如统计、优化、数值积分、图像处理、信号处理以及常微分方程数值解的求解问题等。SciPy 库的简单应用如下。

SciPy 主要结合 NumPy 数组用于处理稀疏矩阵，记录 NumPy 数组中只存储非零数据的位置。例如，首先创建一个稀疏矩阵。代码如下：

```
import numpy
from scipy import sparse
a = [[1,0,0,2],[0,0,3,0],[0,3,0,0]]
a = numpy.array(a)
print(a)
```

输出结果：

```
[[1 0 0 2]
 [0 0 3 0]
 [0 3 0 0]]
```

接下来利用 SciPy 库的稀疏矩阵 sparse 来处理：

```
import numpy
from scipy import sparse
a = [[1,0,0,2],[0,0,3,0],[0,3,0,0]]
a = numpy.array(a)
array = sparse.csr_matrix(a)
print(array)
```

输出结果：

```
(0, 0)  1
(0, 3)  2
(1, 2)  3
(2, 1)  3
```

通过 csr_matrix()函数的处理，记录了稀疏矩阵中所有非零数据的位置。

5. pandas

pandas 也是基于 NumPy 创建的为了解决数据分析问题的一种数据处理工具，它纳入了大量库和一些标准的数据模型，提供了高效地操作大型数据集所需的工具以及大量能快速、便捷地处理数据的函数和方法。pandas 库的简单应用如下。

pandas 常用的数据类型有 Series、DataFrame、Panel 等，它们分别用来处理一维、二维和三维数据，其中应用得最多的是 DataFrame，它能将 NumPy 数组或者字典转换成类似于表格的类型，有行标签和列标签。例如：

```
import numpy as np
import pandas as pd
array = [[1,2],[3,4]]
array = np.array(array)
row = ['r1','r2']
col = ['c1','c2']
dataframe = pd.DataFrame(array,row,col)
print(dataframe)
```

输出结果：

```
     c1  c2
r1   1   2
r2   3   4
```

再如：

```
import pandas as pd
dic = {'name':["zhao","qian","sun","li"],'sex':['m','f','f','m']}
dic = pd.DataFrame(dic)
print(dic)
```

输出结果：

```
    name sex
0  zhao   m
1  qian   f
2   sun   f
3    li   m
```

6. Matplotlib

Matplotlib 是一款绘图工具，用于绘制直方图、线形图、散点图等，类似于 MATLAB，有 MATLAB 基础的读者能够快速上手 Matplotlib。Matplotlib 库的简单应用如下。

Matplotlib 分别利用 hist()、plot()、scatter()绘制直方图、线形图、散点图，下面通过简单的例子逐一绘制。

（1）绘制直方图的代码如下：

```
import matplotlib.pyplot as plt
import numpy as np
data = np.random.randn(200)
plt.hist(data)
plt.xlabel("X Label")
plt.ylabel("Y Label")
plt.title("Title")
plt.show()
```

输出结果如图 2-4 所示。

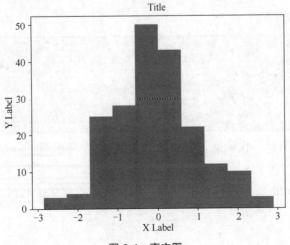

图 2-4　直方图

（2）通过 NumPy 库的随机函数生成符合正态分布的 200 个数据，然后通过 Matplotlib 库中的 pyplot 绘制线形图，代码如下：

```python
import matplotlib.pyplot as plt
import numpy as np
x = np.linspace(-10,10)
y = np.abs(x)
plt.plot(x,y)
plt.xlabel("X Label")
plt.ylabel("Y Label")
plt.title("Title")
plt.show()
```

输出结果如图 2-5 所示。

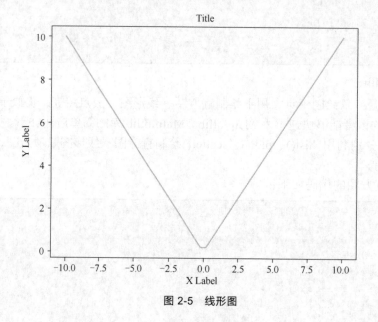

图 2-5　线形图

（3）横轴上通过 np.linspace 在-10～10 范围内生成数列，纵轴上通过绝对值函数 abs() 生成因变量。

绘制散点图的代码如下：

```python
import matplotlib.pyplot as plt
import numpy as np
x = np.random.random(20)
y = np.random.random(20)
plt.scatter(x,y)
plt.show()
```

输出结果如图 2-6 所示，代码通过随机函数生成 20 个随机点。

7．Graphviz

Graphviz 和 Matplotlib 都是图形绘制工具。在做数据可视化的时候可以使用 Graphviz 库，它往往用于生成决策树、流程图。

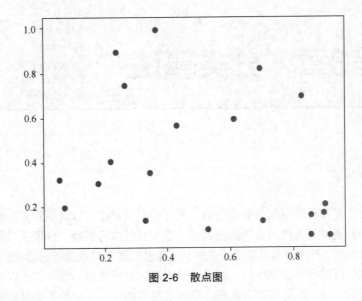

图 2-6　散点图

2.5　小结

本章介绍了为什么选择 Python 语言、Python 平台的搭建，以及 Python 语言的基本概念，还介绍了第三方库的各种功能和使用方法。本章要求掌握 Python 的基本语法规则，了解各种库的基本功能。通过对前文内容的学习，我们迈出了掌握机器学习的第一步，后文将介绍机器学习的算法。

习题 2

1. Python 去除了 do-while 循环，现在需要让循环语句中的循环体至少循环一次，应该如何设计？

2. 现有一个列表 L=['b', 'c', 'd', 'c', 'b', 'a', 'a']，不使用列表自带的删除功能，怎么才能去除其中的重复部分？

3. 程序设计：通过 Python 输出九九乘法表。

4. 程序设计：一个球从 50m 高度自由落下，每次落地后反弹回原高度的一半，再落下，求它在第 5 次落地时，共经过多少 m？第 5 次反弹时高度为多少？通过 Python 实现。

5. 通过 Python 的第三方库绘制任意直方图、线形图、散点图。

第3章　分类算法

现在天气预测越来越准确，预测的时间甚至可以精确到某时某分。我们知道，天气预测是气象台通过卫星对云层进行观察，分析天气图，并结合地形、气候等因素总结而来的。而通过机器学习也能够对事物进行预测，例如根据历年股票数据，对股票价格趋势进行预测。而对以上这些情况的预测，并不是每次都很准确，原因往往有两个，一是数据本身处理不当，二是算法选择上的失误。那对于不同的问题，应该选择何种算法呢？

从本章开始，读者将会进入机器学习算法的学习。本章主要对监督学习中的分类算法进行介绍，包括每种分类算法的介绍、应用及优缺点。

3.1　K 近邻算法

3.1.1　算法介绍

K 近邻（K-nearest neighbor，KNN）算法是分类算法中最简单的算法之一，也是一种理论很成熟的机器学习算法。KNN 算法的核心思想是"近朱者赤，近墨者黑"，即 KNN 算法会根据训练集的数据构建一个模型，然后对于输入的新数据，算法会将其特征与训练集中数据对应的特征进行比对和匹配，在训练集中找到与之较为相似的 k 个数据，来判断其标签。如果一个样本在特征空间中有 k 个最邻近的样本，其中大多数属于某一个类别，则该样本也属于这个类别，并具有这个类别中样本的特性。

假设有若干猫和狗的数据，其中包括听力、面容、生活习性等特征，且有猫和狗两个标签。然后通过 KNN 算法进行建模，给出一只狗的数据，算法能够根据特征给狗的数据贴上狗的标签。若再给出一只老虎的数据，算法此时就会根据老虎的特征进行判断，假如训练集中与老虎数据所邻近的 k 个数据中，大多数属于猫类，那么会给老虎数据贴上猫的标签。

那么这 k 个邻近的样本是如何计算出来的？在邻近样本中一半属于 A 类，一半属于 B 类的情况下应该如何处理？下面是 KNN 算法构造函数的参数，可以看到 KNN 算法有多个参数，但算法中有 3 类参数比较重要，分别是算法中的权重 weights，距离度量方式的选择 p、metric，k 值 n_neighbors。只要这 3 类参数确定了，算法的预测方式就确定了。

```
def __init__(self, n_neighbors=5,
             weights='uniform', algorithm='auto', leaf_size=30,
             p=2, metric='minkowski', metric_params=None, n_jobs=None,
             **kwargs):
```

1. 分类决策

KNN 算法的分类决策规则通常采用多数表决法，即由 k 个邻近样本中大多数样本所属的类别决定输入样本的类别。如果存在两个类别，其包含的邻近样本的个数相同，这时权重 weights 就起到了作用，通过给邻近样本的距离加权从两个类别中选择一个，这也是 KNN 算法风险较小的原因。由于一般情况下不改变邻近样本的距离，遇到类别有相同个数的邻近样本的情况比较少，并且遇到后可以改变 k 值再次分类，因此我们可以把重点放在距离度量方式和 k 值选择上。

2. 距离度量方式

距离度量方式是 KNN 算法选择数据所属类别的直接核心，新的测试集数据会从训练集中寻找与其距离最近的数据。那么距离是按照什么计算的呢？

在 KNN 算法中，常用的距离有 3 种，分别为欧氏距离、曼哈顿距离和闵可夫斯基距离。KNN 算法默认使用欧氏距离，最常用的也是欧氏距离。下面是 3 种距离度量的公式，其中 $x_1, x_2, \cdots, x_n$、$y_1, y_2, \cdots, y_n$ 分别是两个数据的特征值。

欧氏距离：

$$D(x, y) = \sqrt{(x_1 - y_1)^2 + (x_2 - y_2)^2 + \cdots + (x_n - y_n)^2} = \sqrt{\sum_{i=1}^{n}(x_i - y_i)^2}$$

曼哈顿距离：

$$D(x, y) = |x_1 - y_1| + |x_2 - y_2| + \cdots + |x_n - y_n| = \sum_{i=1}^{n}|x_i - y_i|$$

闵可夫斯基距离：

$$D(x, y) = \sqrt[p]{(|x_1 - y_1|)^p + (|x_2 - y_2|)^p + \cdots + (|x_n - y_n|)^p} = \sqrt[p]{\sum_{i=1}^{n}(|x_i - y_i|)^p}$$

距离度量方式的选择在 KNN 算法构造函数中由两个参数控制，一个是 p，另一个是 metric。当 metric='minkowski'，p 为 2 时表示欧氏距离、p 为 1 时表示曼哈顿距离、p 为其他值时表示闵可夫斯基距离。从上面的公式可以看出，欧氏距离、曼哈顿距离是闵可夫斯基距离的特例。

3. k 值选择

k 值的选择是非常重要的环节。当 $k=1$ 时，称该算法为最近邻算法。

当选择的 k 值较小时，就相当于用较小的领域中的训练实例进行预测，训练误差、近似误差小，泛化误差会增大。预测结果对近邻的实例非常敏感，若此时近邻的实例存在噪声，预测就会出错。换句话说，k 值较小就意味着整体模型变得复杂，容易发生过拟合。

当选择的 k 值较大时，就相当于用较大的领域中的训练实例进行预测，泛化误差小，但缺点是近似误差大。一个极端是 k 等于总实例数 m，则完全无法分类，此时无论输入实例是什么，都只是简单地预测它属于训练实例个数最多的类，导致模型过于简单。换句话说，k 值较大就意味着整体模型变得简单，容易发生欠拟合。

k 值的选择会对 KNN 算法的精度产生重大影响，因此说 k 值的选择有着极其重要的意义。

在实际的应用中，通常会选择较小的 k 值。由于 k 值小意味着整体的模型变得复杂，容易发生过拟合，因此通常采用交叉验证的方式选择最优的 k 值。交叉验证在后文中讲述。

KNN 算法的原理比较简单，在确定分类的决策上只依据最邻近的一个或者几个样本的类别来决定待分类样本所属的类别，在理想状态下这是一个最为简单、有效的方法。但当训练集中出现噪声，即比较离谱的特殊样本时，KNN 算法有时也会存在误差，例如选择 k 值为 1，而此时待分类样本刚好离噪声最近，这时预测结果可能并不是该样本真实所属的类别。

3.1.2　算法实现

在读者对 KNN 算法的原理和参数有了一定了解后，下面利用 sklearn 中的数据集来实现应用。在分类中，利用 mglearn 库进行可视化，观察 KNN 算法的工作原理。当 k=1 时，代码如下：

```
import mglearn

import matplotlib.pyplot as plt
mglearn.plots.plot_knn_classification()
plt.show()
```

输出结果如图 3-1 所示。

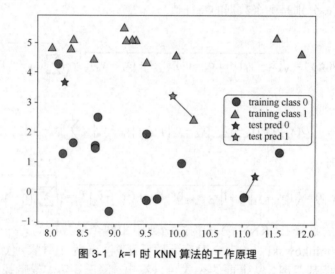

图 3-1　k=1 时 KNN 算法的工作原理

当 k=3 时，代码如下：

```
import mglearn
import matplotlib.pyplot as plt
mglearn.plots.plot_knn_classification(n_neighbors=3)
plt.show()
```

输出结果如图 3-2 所示。

从图 3-1 和图 3-2 中可以看到，测试集中的数据点选择训练集中距离最近的 k 个点。当 k 等于 1 时，测试集中数据点的类别就是它所选择的训练集的点所属的类别，当 k 大于 1 时，邻近的训练集中数据点属于哪个类别的最多，测试集中数据点就属于哪个类别。当 k 为偶数时可能会出现两个类别的邻近数据点相同的情况，此时就需要使用分类决策方式，通过权重 weights 来决策了。一般为了避免这种情况，会将 k 值设置为奇数。

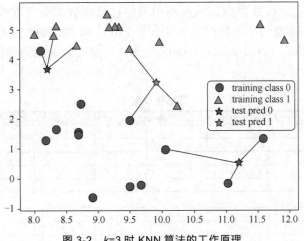

图 3-2　*k*=3 时 KNN 算法的工作原理

下面将利用 KNN 算法来对分类问题的数据集进行处理。通常我们需要的数据集可以在加州大学尔湾分校的网站上下载，下载完成后将其保存在项目的统计目录中，然后对数据进行导入。导入的方法有很多，例如利用 Python 的标准类库 CSV、使用 NumPy 的 loadtxt()函数，或者使用 pandas 的 read.csv()函数，该函数返回的值是 DataFrame 类型的。一般使用 pandas 来导入数据，例如对鸢尾花数据集进行导入：

```
from pandas import read_csv
filename = 'iris.data.csv'
names = ['sepal-length','sepal-width','petal-length','petal-width','class']
dataset = read_csv(filename,names=names)
```

在算法讲解中，要注重读者对算法原理及对参数调整的理解，因此本书一般使用 sklearn 库中的数据集，不必再进行导入。在 sklearn 中内置了许多数据集供用户练习，其中就有经典的数据集之一——鸢尾花数据集，接下来我们将 KNN 算法应用到鸢尾花数据集。

鸢尾花数据集是一个三分类问题，其返回类型是一个 bunch 对象，类似 Python 中的字典，因此可以使用 Python 中字典的功能，例如利用键来查看相应的值。数据集内包含 3 个种类，共 150 条数据，每类各 50 个数据。数据集有 4 项特征（花萼长度、花萼宽度、花瓣长度、花瓣宽度），可以通过这 4 项特征预测鸢尾花属于 setosa、versicolor、virginica 中的哪一个标签（即类别）。

首先，可以从 sklearn 库的 datasets 模板中导入鸢尾花数据集。然后输出鸢尾花的键。

```
from sklearn.datasets import load_iris
iris = load_iris()
print(iris.keys())
#输出结果
dict_keys(['data', 'target', 'target_names', 'DESCR', 'feature_names', 'filename'])
```

从输出结果可以看到鸢尾花的键包括 data、target、target_names、DESCR、feature_names、filename 等。

filename 用于输出数据集所在位置。

```
print(iris.filename)
#输出结果
C:\Python37\lib\site-packages\sklearn\datasets\data\iris.csv
```

可以通过该设置找到该数据集，然后利用表格打开该数据集可以看到其中的鸢尾花数据（见表 3-1）。表中第一行说明了该数据集一共含有 150 行×4 列的数据，根据这些数据可以分为 3 个类别，分别是 setosa、versicolor、virginica。第二行之后的前四列分别是每一个属性的值，最后一列是该数据的类别。

表 3-1　　　　　　　　　　　　　　　鸢尾花数据

150	4	setosa	versicolor	virginica
6.1	4.3	1.4	0.2	0
5.9	3	1.4	0.2	0
5.7	4.1	1.3	0.2	0
5.6	3.1	1.5	0.2	0
5	3.6	1.4	0.2	0
		...		
7.2	2.9	5.3	1.3	1
6.1	2.5	3	1.1	1
6.7	2.8	5.1	1.3	1
7.3	4.2	6	2.5	2
6.8	2.7	6.1	1.9	2
8.1	3	6.9	2.1	2
7.3	2.9	6.6	1.8	2
7.5	3	6.8	2.2	2
		...		

data 里面包括了数据集中的数据，这里用表格的形式输出，方便查看。可以看到共有 150 行、4 列的数据：

```
import pandas as pd
iris_data = pd.DataFrame(iris.data,columns=iris.feature_names)
print(iris_data)
#输出结果
 sepal length (cm) sepal width (cm) petal length (cm) petal width (cm)
0                6.1              4.3              1.4              0.2
1                5.9              3.0              1.4              0.2
2                5.7              4.1              1.3              0.2
3                5.6              3.1              1.5              0.2
4                6.0              3.6              1.4              0.2
5                6.4              3.9              1.7              0.4
...
147              7.5              3.0              6.2              2.0
148              7.2              3.4              6.4              2.3
149              6.9              3.0              6.1              1.8
[150 rows x 4 columns]
```

target 里保存了目标值：

```
print(iris.target.shape)
print(iris.target)
#输出结果
(150,)
[0 0 0 0 0 0 0 0 0 0 0 0 0 0 0 0 0 0 0 0 0 0 0 0 0 0 0 0 0 0 0 0 0 0 0 0 0
 0 0 0 0 0 0 0 0 0 0 0 0 0 1 1 1 1 1 1 1 1 1 1 1 1 1 1 1 1 1 1 1 1 1 1 1 1
 1 1 1 1 1 1 1 1 1 1 1 1 1 1 1 1 1 1 1 1 1 1 1 1 1 1 2 2 2 2 2 2 2 2 2 2 2
 2 2 2 2 2 2 2 2 2 2 2 2 2 2 2 2 2 2 2 2 2 2 2 2 2 2 2 2 2 2 2 2 2 2 2 2 2
 2 2]
```

target_names 保存了目标名：

```
print(iris.target_names)
#输出结果
['setosa' 'versicolor' 'virginica']
```

DESCR 中是该数据集的详细解释，说明了数据信息、特征的数目、特征信息、分类信息等：

```
print(iris.DESCR)
#输出结果
.. _iris_dataset:

Iris plants dataset

--------------------
**Data Set Characteristics:**

    :Number of Instances: 150 (50 in each of three classes)
    :Number of Attributes: 4 numeric, predictive attributes and the class
    :Attribute Information:
        - sepal length in cm
        - sepal width in cm
        - petal length in cm
        - petal width in cm
...
```

feature_names 里是鸢尾花数据集的所有特征名：

```
print(iris.feature_names)
#输出结果
['sepal length (cm)', 'sepal width (cm)', 'petal length (cm)', 'petal width(cm)']
```

从上述对数据集的查看可以看出，数据中没有缺失值或者异常值，不需要对数据进行预处理等操作；而且数据是按照类别存放的，前 50 个为 setosa，中间 50 个为 versicolor，后 50 个为 virginica。还可以通过以下方式对每条数据进行查看：

```
print(iris.data[0],iris.target[0],iris.target_names[0])
#输出结果
[6.1 4.3 1.4 0.2] 0 setosa
```

从输出结果看到，鸢尾花数据集中第一个数据的信息：花萼长 6.1cm、花萼宽 4.3cm、花瓣长 1.4cm、花瓣宽 0.2cm，目标值为 0，即属于带刺类（setosa）。

了解了鸢尾花数据集，接下来用 KNN 算法建立模型。先导入、加载鸢尾花数据集。由于鸢尾花数据集中的数据是按照所属类别排列好的，不用再进行数据预处理，直接进行划分即可。利用 sklearn 的 model_selection 选择 train_test_split。train_test_split 的功能是将数据集随机打乱，划分为训练集和测试集，默认划分方式为：训练集数据个数：测试集数据个数=3：1。

然后分别用 4 个变量对应训练集的特征值、测试集的特征值、训练集的目标值、测试集的目标值，一般使用 X_train、X_test、y_train、y_test 作为变量名。变量名可以改变，但所赋值的顺序不能改变，即第一个必须是训练集的特征值，第二个必须是测试集的特征值，依此类推。

```
#导入
```

```
from sklearn.datasets import load_iris
#加载数据集
iris = load_iris()
#划分数据集
from sklearn.model_selection import train_test_split
X_train, X_test, y_train, y_test = train_test_split(iris.data, iris.target,
random_state=0)
```

其中 random_state 随机数种子就是该组随机数的编号，在需要重复试验的时候，使用它可以保证得到一组一样的随机数。例如将其设置为 1，在其他参数一样的情况下，下次得到的结果仍然不变。当将其设置为 None 时，产生的随机数组也会是随机的。

接下来，要从 sklearn 的 neighbors 中导入 KNN 分类器（KNeighborsClassifier）。因为数据量比较小，所以这里选择 neighbors 为 1 的最近邻情况，其余选择默认。

```
from sklearn.neighbors import KNeighborsClassifier
knn = KNeighborsClassifier(n_neighbors=1)
```

再利用 KNN 算法的 fit() 方法对训练集进行拟合。fit() 方法传入训练集的特征值和目标值，然后对 KNN 模型进行训练，并将记录的各个样本的位置返回 KNN 对象本身。

```
knn.fit(X_train,y_train)
```

最后通过对测试集精度的观察，确定模型的好坏。查看精度可以直接运用 KNN 算法中的 score() 方法。

```
print("预测结果 = {}".format(knn.score(X_test,y_test)))
```

利用 KNN 算法预测鸢尾花数据集精度的完整代码如下：

```
#导入相关包
from sklearn.datasets import load_iris
from sklearn.model_selection import train_test_split
from sklearn.neighbors import KNeighborsClassifier
#加载数据集
iris = load_iris()
#划分数据集
X_train, X_test, y_train, y_test = train_test_split(iris.data, iris.target,
random_state=0)
#加载算法
knn = KNeighborsClassifier(n_neighbors=1)
#训练数据集
knn.fit(X_train,y_train)
score = knn.score(X_test,y_test)
print("预测结果: {}".format(knn.predict(X_test)))
print("预测精度 = {}".format(score))
#输出结果
预测结果: [2 1 0 2 0 2 0 1 1 2 1 1 1 1 0 1 1 0 0 2 1 0 0 2 0 0 1 1 0 2 1 0 2
2 1 0 2]
预测精度 = 0.9736842105263158
```

上述就是利用 KNN 算法预测鸢尾花数据集分类的精度结果。

鸢尾花数据集是一个三分类问题，KNN 算法还能对二分类问题进行预测。下面将创建一个小型的数据集——make_forge，代码如下：

```
import numpy as np
data = [[-3,-4],[-2,-2],[-5,-4],[-4,-2],[-1,-3],[1,3],[2,3],[1,2],[2,5],[3,4]]
target = [0,0,0,0,0,1,1,1,1,1]
X = np.array(data)
y = np.array(target)
print(X.shape)
print(y.shape)
```

输出结果：

```
(10, 2)
(10,)
```

这个数据集只有 10 个数据、2 个特征，是一个二分类问题，只有 2 个特征可以用来实现可视化观察数据。

```
import numpy as np
import mglearn
import matplotlib.pyplot as plt
data = [[-3,-4],[-2,-2],[-5,-4],[-4,-2],[-1,-3],[1,3],[2,3],[1,2],[2,5],[3,4]]
target = [0,0,0,0,0,1,1,1,1,1]
X = np.array(data)
y = np.array(target)
mglearn.discrete_scatter(X[:, 0], X[:, 1], y)
plt.legend(["Class 0", "Class 1"], loc=4)
plt.xlabel("first feature")
plt.ylabel("second feature")
print("X.shape:{}".format(X.shape))
plt.show()
```

输出结果如图 3-3 所示。

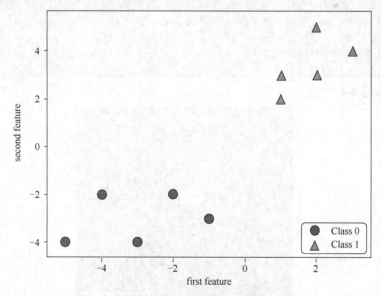

图 3-3　KNN 算法对 make_forge 数据集的分类

接下来利用 KNN 算法对数据进行建模。代码如下：

```
import numpy as np
```

```
from sklearn.neighbors import KNeighborsClassifier
from sklearn.model_selection import train_test_split
data = [[-3,-4],[-2,-2],[-5,-4],[-4,-2],[-1,-3],[1,3],[2,3],[1,2],[2,5],[3,4]]
target = [0,0,0,0,0,1,1,1,1,1]
X = np.array(data)
y = np.array(target)
X_train,X_test,y_train,y_test = train_test_split(X,y,random_state=1)
knn = KNeighborsClassifier(n_neighbors=1)
knn.fit(X_train,y_train)
score = knn.score(X_test,y_test)
print("knn.score={}".format(score))
```

输出结果：

```
knn.score=1.0
```

可以看到精度为 100%（1.0），因为数据较少，且两类之间数据相对密集，所以其精度非常高。
接下来查看 KNN 算法的决策边界。代码如下：

```
import mglearn
import numpy as np
from sklearn.model_selection import train_test_split
from sklearn.neighbors import KNeighborsClassifier
import matplotlib.pyplot as plt
data = [[-3,-4],[-2,-2],[-5,-4],[-4,-2],[-1,-3],[1,3],[2,3],[1,2],[2,5],[3,4]]
target = [0,0,0,0,0,1,1,1,1,1]
X = np.array(data)
y = np.array(target)
X_train,X_test,y_train,y_test = train_test_split(X,y,random_state=1)
knn = KNeighborsClassifier(n_neighbors=1)
fit = knn.fit(X,y)
fig ,axes = plt.subplots(figsize=(6,6))
mglearn.plots.plot_2d_separator(fit,X,fill=True,eps=0.5,ax=axes,alpha=0.4)
mglearn.discrete_scatter(X[:,0],X[:,1],y,ax=axes)
plt.legend(["Class 0", "Class 1"], loc=4)
axes.set_xlabel("first feature")
axes.set_ylabel("second feature")
plt.show()
```

输出结果如图 3-4 所示。

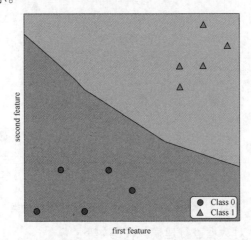

图 3-4　KNN 算法关于 make_forge 数据集的决策边界

通过可视化结果可以清楚地看到，机器拟合的决策边界比较平滑，这是因为数据集比较简单。一般情况下，随着 k 值的减小，模型的复杂度越高，决策边界越复杂。

KNN 算法虽然是一种分类算法，但是可以用于回归问题。在分类任务中可使用多数表决法，选择 k 个样本中出现次数最多的类别标记作为预测结果；在回归任务中可使用平均法，将 k 个样本的实值的平均值作为预测结果，当然还可使用基于距离远近程度进行加权平均等方法。

利用 mglearn 查看 KNN 算法的工作原理。代码如下：

```
import mglearn
import matplotlib.pyplot as plt
mglearn.plots.plot_knn_regression(n_neighbors=3)
plt.show()
```

输出结果如图 3-5 所示。

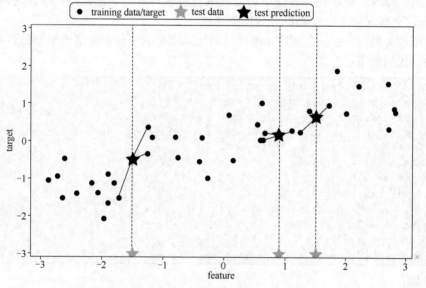

图 3-5　KNN 算法应用于回归的工作原理

KNN 算法应用于回归的工作原理与分类一致，都采用 KNN 算法通过距离来衡量。下面将用 KNN 算法实现对回归问题的操作。

回归问题将用到 sklearn 中的 make_regression()函数。这个函数很有意思，它可以用于生成回归数据集，下面是其构造函数的代码：

```
def make_regression(n_samples=100, n_features=100, n_informative=10,
                    n_targets=1, bias=0.0, effective_rank=None,
                    tail_strength=0.5, noise=0.0, shuffle=True, coef=False,
                    random_state=None):
```

可以看到函数中参数有很多：n_samples 表示生成数据集的数据数量；n_features 表示特征数；n_informative 表示有信息的特征数量，也就是用来构造线性模型，生成输出的特征数量；n_targets 表示回归目标的数量，对应于一个样本的输出向量 y 的维度，默认输出是标量；noise 表示数据中的噪声数量。其他参数读者可通过资料自行查看其含义。

通过函数生成一个特征数为 1、包含 100 个数据的回归数据集，噪声数量为 12，该数据集用于实现 KNN 算法：

```
from sklearn.datasets import make_regression
```

```
from sklearn.neighbors import KNeighborsRegressor
from sklearn.model_selection import train_test_split
X,y = make_regression(n_samples=100,n_features=1,n_informative=1,noise=12,
random_state=11)
X_train,X_test,y_train,y_test = train_test_split(X,y,random_state=11)
knn = KNeighborsRegressor(n_neighbors=1)
knn.fit(X_train,y_train)
score = knn.score(X_test,y_test)
print("knn.score = {}".format(score))
```

输出结果：

```
knn.score = 0.8153452813030982
```

因为数据异常值只占大约 1/10，所以精度高达 81%。对于回归问题，一般用专用的回归算法去解决，虽然 KNN 算法在一些简单的情况或者特殊的情况下也会得到很好的模型，但这是 KNN 算法在这个数据集上建立的最好的模型吗？

前文介绍过欠拟合、过拟合问题，通过对训练集模型的评分，观察该模型是否存在过拟合、欠拟合问题。代码如下：

```
from sklearn.datasets import make_regression
from sklearn.neighbors import KNeighborsRegressor
from sklearn.model_selection import train_test_split
X,y = make_regression(n_samples=100,n_features=1,n_informative=1,noise=12,
random_state=11)
X_train,X_test,y_train,y_test = train_test_split(X,y,random_state=11)
knn = KNeighborsRegressor(n_neighbors=1)
knn.fit(X_train,y_train)
train_score = knn.score(X_train,y_train)
test_score = knn.score(X_test,y_test)
print("knn.train_score = {}".format(train_score))
print("knn.test_score = {}".format(test_score))
```

输出结果：

```
knn.train_score = 1.0
knn.test_score = 0.8153452813030982
```

模型在训练集上的评分达到了 100%，比在测试集上的评分高很多，因此明显存在过拟合问题。在 KNN 算法中，还未对算法的参数进行调整。因为在这个数据集中含有大约 1/10 的噪声，所以如果将 k 值设置为 1，明显会出现过拟合问题。接下来通过对 k 值进行调整来解决这个问题：

```
from sklearn.datasets import make_regression
from sklearn.neighbors import KNeighborsRegressor
from sklearn.model_selection import train_test_split
X,y = make_regression(n_samples=100,n_features=1,n_informative=1,noise=12,
random_state=11)
X_train,X_test,y_train,y_test = train_test_split(X,y,random_state=11)
knn = KNeighborsRegressor(n_neighbors=3)
knn.fit(X_train,y_train)
train_score = knn.score(X_train,y_train)
test_score = knn.score(X_test,y_test)
print("knn.train_score = {}".format(train_score))
print("knn.test_score = {}".format(test_score))
```

输出结果：

```
knn.train_score = 0.95409984927755
knn.test_score = 0.8325104972193801
```

将 k 值设置为 3，模型在测试集上的评分明显有了提高，但这也不一定是最优模型。读者可对参数进行调整，寻找精度更高的模型。

KNN 算法还可以对回归问题进行可视化，以方便理解。代码如下：

```
from sklearn.datasets import make_regression
from sklearn.neighbors import KNeighborsRegressor
from sklearn.model_selection import train_test_split
import numpy as np
import matplotlib.pyplot as plt
X,y = make_regression(n_samples=100,n_features=1,n_informative=1,noise=12,
random_state=11)
X_train,X_test,y_train,y_test = train_test_split(X,y)
knn = KNeighborsRegressor(n_neighbors=3)
fit = knn.fit(X,y)
fig,axes = plt.subplots(figsize=(6,6))
line = np.linspace(-3,3,100).reshape(-1,1)
axes.plot(line,knn.predict(line))
axes.plot(X,y,"^")
plt.show()
```

输出结果如图 3-6 所示。

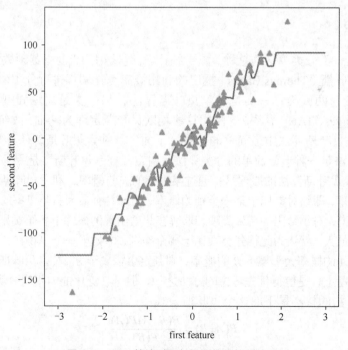

图 3-6　KNN 算法对回归问题的可视化结果

图 3-6 中的三角形表示数据集中的数据，线则表示 KNN 算法对数据预测的模型。可以看到在左下角和右上角有两个明显的异常值，如果将 k 值设置为 1，KNN 算法将对其进行拟合，影响模型的精度。

3.1.3 算法的优缺点

1. 优点

（1）KNN 可以处理分类问题，也可以处理多分类问题，例如鸢尾花数据集的分类。

（2）KNN 简单、好用，容易理解，精度高，理论成熟，同时也很强大，对手写数字的识别、鸢尾花数据集的分类这一类问题来说，其准确率很高。

（3）KNN 可以用于分类问题也可以用于回归问题，可以用于数值型数据也可以用于离散型数据，无数据输入假定，对异常值不敏感。

2. 缺点

（1）KNN 的时间复杂度和空间复杂度高。每一次分类或者回归，KNN 要把训练数据和测试数据都算一遍，如果数据量很大的话，需要的算力会很惊人。但是在机器学习中，大数据处理又是一件很常见的事。一般数据量很大的时候 KNN 计算量太大，但是数据又不能太少，否则容易发生误分。

（2）KNN 对训练数据的依赖度特别高，且对训练数据的容错性太差。虽然大多数机器学习的算法对数据的依赖度都很高，但是 KNN 尤其严重。如果训练数据集中，有一两个数据是错误的，刚好错误数据又在需要分类的数据的旁边，这样就会直接导致 KNN 分类不准确。

（3）KNN 最大的缺点是无法给出数据的内在含义。

3.2 朴素贝叶斯算法

3.2.1 算法介绍

贝叶斯算法是一类分类算法的总称，源于统计学。它是由 18 世纪英国数学家、贝叶斯学派创始人托马斯·贝叶斯（Thomas Bayes）提出的利用概率统计知识进行分类的方法演变而来的。

贝叶斯算法分为两大类，一类是朴素贝叶斯算法，另一类是树增强型朴素贝叶斯（tree augmented naive Bayes，TAN）算法。这两类算法均以贝叶斯定理为基础，故统称为贝叶斯算法。朴素贝叶斯算法是贝叶斯算法中最简单的一种，下面先从朴素贝叶斯算法开始介绍。

朴素贝叶斯算法是一种十分简单的分类算法，叫它"朴素贝叶斯"是因为这种方法的原理真的很"朴素"。朴素贝叶斯算法的原理是：通过某对象的先验概率，利用贝叶斯公式计算出其在所有类别上的后验概率，即该对象属于某一类别的概率，选择具有最大后验概率的类别作为该对象所属的类别。简单来说，对于给出的待分类项，求解在此项出现的条件下各个类别出现的概率，在哪个类别出现的概率最大，就认为此待分类项属于哪个类别，即如果一个事物在一些属性条件发生的情况下，事物属于 A 的概率大于属于 B 的概率，则判定事物属于 A。朴素贝叶斯算法较为简单、高效，在处理分类问题上，是值得优先考虑的方法之一，但是其泛化能力相比分类算法较差。

朴素贝叶斯算法的核心是下面这个贝叶斯公式：

$$P(A\,|\,B) = \frac{P(B\,|\,A)P(A)}{P(B)}$$

$$P(A\,|\,B) = \frac{P(A,B)}{P(B)} = \frac{P(B\,|\,A)*P(A)}{P(B\,|\,A)*P(A) + P(B\,|\,C)*P(C)}$$

其中，$P(A|B)$ 代表后验概率，是一种条件概率，即在 B 发生的条件下 A 发生的概率。式中 $P(A,B)$ 代表 A、B 同时发生的概率，展开得 $P(B|A)*P(A)$，$P(B)$ 的展开则运用了全概率公式。上面的公式换一个表达形式就会明朗很多：

$$P(特征 | 类别) = \frac{P(特征 | 类别)P(类别)}{P(特征)}$$

朴素贝叶斯算法主要包括 3 种算法，分别是高斯朴素贝叶斯（Gaussian naive Bayes）算法、伯努利朴素贝叶斯（Bernoulli naive Bayes）算法、多项式朴素贝叶斯（multinomial naive Bayes）算法。高斯朴素贝叶斯算法利用正态分布解决一些连续数据的问题，伯努利朴素贝叶斯算法应用于二分类问题，多项式朴素贝叶斯算法在文本计数中经常使用。接下来对这 3 种贝叶斯算法进行模型的构建。

3.2.2 算法实现

在利用 KNN 算法处理回归问题中，用到了 sklearn 库中的 make_regression()函数，该函数可通过设置得到想要的数据集。同时在 sklearn 库中还有一个手动设置的分类数据集 make_blobs，其构造函数代码如下：

```
def make_blobs(n_samples=100, n_features=2, centers=None, cluster_std=1.0,
            center_box=(-10.0, 10.0), shuffle=True, random_state=None):
```

函数中，n_samples 表示数据的数量，n_features 表示特征的数量，而 centers 表示类别的数量。下面通过对函数的设置利用贝叶斯算法。

首先函数生成数据量为 300、特征数为 2、类别数为 7 的数据集，然后利用高斯朴素贝叶斯算法观察其精度。代码如下：

```
from sklearn.datasets import make_blobs
from sklearn . model_selection import train_test_split
from sklearn.naive_bayes import GaussianNB
X, y = make_blobs(n_samples=300,centers=7,random_state=3)
X_train,X_test,y_train,y_test = train_test_split(X,y,random_state=3)
bayes = GaussianNB()
bayes.fit(X_train,y_train)
train_score = bayes.score(X_train,y_train)
test_score = bayes.score(X_test,y_test)
print("train predict = {}".format(train_score))
print("test predict = {}".format(test_score))
```

输出结果：

```
train predict = 0.8933333333333333
test predict = 0.84
```

可以看到高斯朴素贝叶斯算法构建的模型的值达到了 84%，因为现实数据大多数都符合正态分布，所以高斯朴素贝叶斯算法构建的模型一般都不错。

接下来通过可视化观察高斯朴素贝叶斯算法的决策边界：

```
from sklearn.datasets import make_blobs
from sklearn . model_selection import train_test_split
from sklearn.naive_bayes import GaussianNB
import numpy as np
import matplotlib.pyplot as plt
X, y = make_blobs(n_samples=300,centers=7,random_state=3)
X_train,X_test,y_train,y_test = train_test_split(X,y,random_state=3)
bayes = GaussianNB()
bayes.fit(X_train,y_train)
x_min,x_max = X[:,0].min()-1,X[:,0].max()+1
```

```
    y_min,y_max = X[:,1].min()-1,X[:,1].max()+1
    xx,yy = np.meshgrid(np.arange(x_min,x_max,0.02),np.arange(y_min,y_max,0.02))
    z = bayes.predict(np.c_[(xx.ravel(),yy.ravel())]).reshape(xx.shape)
    plt.pcolormesh(xx,yy,z,cmap=plt.cm.Pastel1)
    plt.scatter(X_train[:,0],X_train[:,1],c=y_train,cmap=plt.cm.cool,marker='.',
edgecolors='k')
    plt.scatter(X_test[:,0],X_test[:,1],c=y_test,cmap=plt.cm.cool,marker='^',
edgecolors='k')
    plt.xlim(xx.min(),xx.max())
    plt.xlim(yy.min(),yy.max())
    plt.show()
```

输出结果如图 3-7 所示。

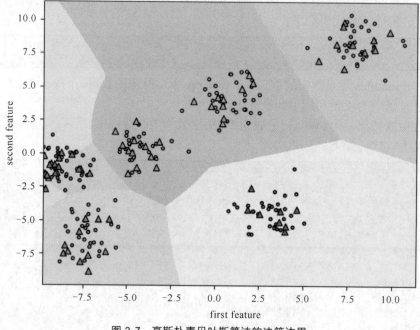

图 3-7　高斯朴素贝叶斯算法的决策边界

从图 3-7 中可以看到模型较好，除了左中部的数据可能不足外，其余类别非常完美。

接下来对伯努利朴素贝叶斯算法进行分析。伯努利朴素贝叶斯算法主要解决的是二项分布，即每个特征只有 0 或 1 两种情况。该算法对类别较多的数据集可能效果不是很好。代码如下：

```
from sklearn.datasets import make_blobs
from sklearn . model_selection import train_test_split
from sklearn.naive_bayes import BernoulliNB
X, y = make_blobs(n_samples=300,centers=7,random_state=3)
X_train,X_test,y_train,y_test = train_test_split(X,y,random_state=3)
bayes = BernoulliNB()
bayes.fit(X_train,y_train)
train_score = bayes.score(X_train,y_train)
test_score = bayes.score(X_test,y_test)
print("train predict = {}".format(train_score))
print("test predict = {}".format(test_score))
```

输出结果:

```
train predict = 0.5422222222222223
test predict = 0.5066666666666667
```

从评分可以看出,模型并不是很好,接下来观察伯努利朴素贝叶斯算法的决策边界:

```
from sklearn.datasets import make_blobs
from sklearn . model_selection import train_test_split
from sklearn.naive_bayes import BernoulliNB
import numpy as np
import matplotlib.pyplot as plt
X, y = make_blobs(n_samples=300,centers=7,random_state=3)
X_train,X_test,y_train,y_test = train_test_split(X,y,random_state=3)
bayes = BernoulliNB()
bayes.fit(X_train,y_train)
x_min,x_max = X[:,0].min()-1,X[:,0].max()+1
y_min,y_max = X[:,1].min()-1,X[:,1].max()+1
xx,yy = np.meshgrid(np.arange(x_min,x_max,0.02),np.arange(y_min,y_max,0.02))
z = bayes.predict(np.c_[(xx.ravel(),yy.ravel())]).reshape(xx.shape)
plt.pcolormesh(xx,yy,z,cmap=plt.cm.Pastel1)
plt.scatter(X_train[:,0],X_train[:,1],c=y_train,cmap=plt.cm.cool,marker='.',
edgecolors='k')
plt.scatter(X_test[:,0],X_test[:,1],c=y_test,cmap=plt.cm.cool,marker='^',
edgecolors='k')
plt.xlim(xx.min(),xx.max())
plt.xlim(yy.min(),yy.max())
plt.show()
```

输出结果如图 3-8 所示。

从图 3-8 中可以看到,伯努利朴素贝叶斯算法的决策边界全在 0 处,因此对此数据集建模效果较差。图 3-8 同样表明如果一个数据集的特征全是 0 或 1 的话,算法将会建立良好的模型。

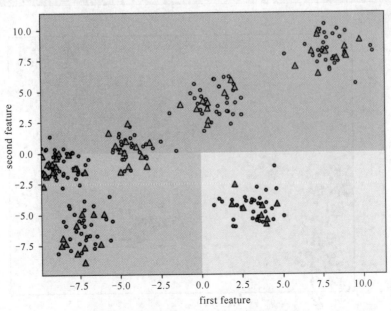

图 3-8　伯努利朴素贝叶斯算法的决策边界

接下来是对多项式朴素贝叶斯算法的分析。因为多项式朴素贝叶斯算法只适用于处理非负离散型数值，多用于对文本的处理，对上述建立的数据集模型不适用，所以这里不详细讲解。我们只观察多项式朴素贝叶斯算法所构建的模型。因为算法要求数据中的值全为非负值，所以要先使用预处理中的归一化，将数据划到 0～1。代码如下：

```python
from sklearn.datasets import make_blobs
from sklearn . model_selection import train_test_split
from sklearn.naive_bayes import MultinomialNB
import numpy as np
import matplotlib.pyplot as plt
from sklearn.preprocessing import MinMaxScaler
X, y = make_blobs(n_samples=300,centers=7,random_state=3)
X_train,X_test,y_train,y_test = train_test_split(X,y,random_state=3)
scaler = MinMaxScaler()
scaler.fit(X_train)
X_train_scaler = scaler.transform(X_train)
X_test_scaler = scaler.transform(X_test)
bayes = MultinomialNB()
bayes.fit(X_train_scaler,y_train)
x_min,x_max = X[:,0].min()-1,X[:,0].max()+1
y_min,y_max = X[:,1].min()-1,X[:,1].max()+1
xx,yy = np.meshgrid(np.arange(x_min,x_max,0.02),np.arange(y_min,y_max,0.02))
z = bayes.predict(np.c_[(xx.ravel(),yy.ravel())]).reshape(xx.shape)
plt.pcolormesh(xx,yy,z,cmap=plt.cm.Pastel1)
plt.scatter(X_train[:,0],X_train[:,1],c=y_train,cmap=plt.cm.cool,marker='.',
edgecolors='k')
plt.scatter(X_test[:,0],X_test[:,1],c=y_test,cmap=plt.cm.cool,marker='^',
edgecolors='k')
plt.xlim(xx.min(),xx.max())
plt.xlim(yy.min(),yy.max())
plt.show()
```

输出结果如图 3-9 所示。

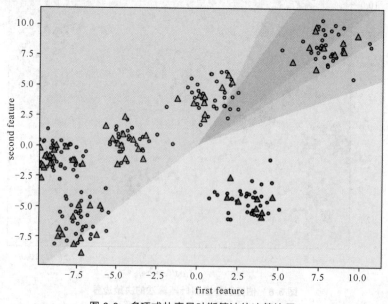

图 3-9　多项式朴素贝叶斯算法的决策边界

从图 3-9 所示的决策边界中就可以看出，模型非常不好。

多项式朴素贝叶斯算法主要应用于文本。例如，有 3 种不同类型的文本，这些文本经过处理后变成了机器能够读懂的数据，然后提取文本中重要的词汇作为特征。接下来在另一篇文章中查找上面 3 种文本的特征，根据机器学习就能判断这篇文章属于哪种类型了。

3.2.3　算法的优缺点

1．优点

（1）朴素贝叶斯算法分类效率稳定，不仅能处理二分类问题，还能处理多分类问题，适用于小规模数据。它还能做增量式训练，即数据过多、超出内存时，可以分批对数据进行增量式训练。

（2）朴素贝叶斯算法对缺失数据不太敏感，比较简单，常用于文本分类。

（3）当属性相关性较弱时，朴素贝叶斯算法性能较好。

2．缺点

（1）当属性个数比较多或者属性之间相关性较强时，朴素贝叶斯算法分类效果不好，往往无法预测精确的数据。

（2）朴素贝叶斯算法需要知道先验概率，且先验概率很多时候取决于假设，因此在某些时候算法会由于假设的先验模型不好而导致预测效果不佳。

（3）由于朴素贝叶斯算法是通过先验概率和数据来决定后验概率从而决定分类的，因此分类决策存在一定的错误率，并且对输入数据的表达形式很敏感。

3.3　逻辑回归

3.3.1　算法介绍

在分类算法中，有的可以用于回归问题，同样在回归算法中，有的可以用于分类问题。而逻辑回归属于线性模型中的一种，用于解决分类问题。逻辑回归用于处理自变量和结果的回归问题，虽然被叫作回归，它却是一种分类算法。逻辑回归主要有两种使用场景：一是用于研究二分类或者多分类问题；二是用于寻找因变量的影响因素。逻辑回归的原理是，根据一个问题，建立代价函数，然后通过迭代优化求解出最优的模型参数，再测试并验证这个求解的模型的好坏。

逻辑回归算法与回归算法中的线性回归算法最大的差异是，逻辑回归中的 $\hat{y}$ 被当作决策边界，而线性回归等模型中 $\hat{y}$ 被当作一条直线、一个平面或者超平面。逻辑回归建立模型的公式如下：

$$\hat{y} = \omega[0]*x[0] + \omega[1]*x[1] + \cdots + \omega[n]*x[n] + b > 0$$

这个公式类似线性回归的公式，但是没有返回特征加权求和的值 $\hat{y}$，而是设置了一个值与 $\hat{y}$ 相比较，这个值被称为阈值。假设阈值设置为 0，则当 $\hat{y} > 0$ 时属于一个类别，当 $\hat{y} < 0$ 时属于另一个类别。但是对于现实数据，阈值的设置也是一个问题，如果阈值被设置为平均值，假设正常数据点都处于 0 左右，而出现的一个异常值非常大，则最后的分类结果会出现错误。于是需要建立一个函数来映射概率，即 Sigmoid 函数：

$$\Delta(x) = \frac{1}{1 + e^{-x}}$$

该函数的代码如下：

```python
import matplotlib.pyplot as plt
import numpy as np

def sigmoid(x):
    return 1 / (1 + np.exp(-x))

x = np.arange(-8,8,0.1)
y = sigmoid(x)
plt.plot(x, y)
plt.show()
```

输出结果如图 3-10 所示。

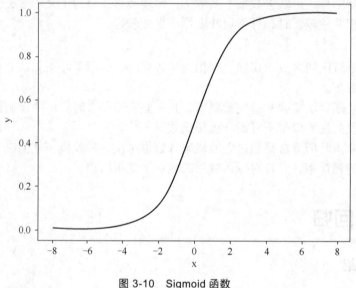

图 3-10　Sigmoid 函数

该函数将所有数据都映射到 0～1，对异常值进行了处理。

对异常值进行处理后，为了能够得到较好的逻辑回归模型，需要对原始的模型构建损失函数，然后通过优化算法不断迭代以对损失函数进行优化，不断对参数 ω 和 b 进行调整，以求得最优参数。因此必须定义损失函数，也可称为代价函数。

对于逻辑回归的参数 ω 一般使用极大似然法对其进行估计，然后将负的 log 似然函数作为其损失函数，再利用基于梯度的方法求损失函数的最小值。

一般选取梯度下降法作为损失函数的优化算法。梯度下降法是一种迭代型的优化算法，根据初始点在每一次迭代的过程中选择下降方向，直至满足终止条件。梯度下降函数图像如图 3-11 所示。

梯度下降法先随机选取一个点为 W，在图 3-11 中用笑脸表示，然后根据其切线的斜率决定下降的方向，选择步长，更新 W 值，查看其是否满足条件，直至切线斜率为 0，即点处于极小值处，此时一般能得到最优 W 值。图 3-11

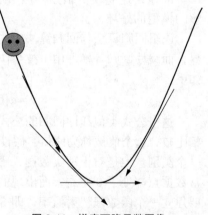

图 3-11　梯度下降函数图像

中描述的是凸优化问题，即只存在一个极小值、只存在一个最优解的优化问题。线性回归、岭回归、逻辑回归都是凸优化问题。当然还存在非凸优化问题，非凸优化问题中存在多个局部最优解，而全局最优解才是真正的最优解。关于梯度下降法，最重要的是下降幅度的选择，也就是步长的选择。如果步长过小，则会影响效率；如果步长过大，则可能会错过最优解。一般选取一个递减函数对步长进行选择。下面对逻辑回归中的参数进行解析：

```
def __init__(self, penalty='l2', dual=False, tol=1e-4, C=1.0,
             fit_intercept=True, intercept_scaling=1, class_weight=None,
             random_state=None, solver='warn', max_iter=100,
             multi_class='warn', verbose=0, warm_start=False, n_jobs=None):
```

逻辑回归有一个重要的参数 C，C 值越大正则化越弱。正则化在回归算法中讲解，读者可以暂时不用了解，如果需要可以先跳至第 4 章进行学习。如果 C 值越大，那么特征系数也会越大，逻辑回归可能将训练集拟合得最好；而如果 C 值越小，那么模型更强调使特征系数接近于 0，正则化越强。

3.3.2　算法实现

下面对乳腺癌数据集进行建模：

```
from sklearn.datasets import load_breast_cancer
from sklearn.model_selection import train_test_split
from sklearn.linear_model import LogisticRegression
canner = load_breast_cancer()
X_train,X_test,y_train,y_test = train_test_split(canner.data,canner.target,
random_state=2)
reg = LogisticRegression()
reg.fit(X_train,y_train)
train_score = reg.score(X_train,y_train)
test_score = reg.score(X_test,y_test)
print("系数矩阵{}".format(reg.coef_))
print("逻辑回归模型:{}".format(reg.intercept_))
print("train_score={}".format(train_score))
print("test_score={}".format(test_score))
```

输出结果：

```
系数矩阵[[ 1.68710379  0.18395023  0.04573305 -0.00897619 -0.15019217 -0.34693403
  -0.54562484 -0.30587279 -0.18746108 -0.02369882 -0.00859088  0.58091921
   0.20908245 -0.08122818 -0.01897466  0.01025374 -0.05660335 -0.03384436
  -0.01716714  0.00609061  1.24650694 -0.32370087 -0.14766667 -0.02432377
  -0.29802582 -0.9588986  -1.36043539 -0.58303895 -0.40557983 -0.09198455]]
逻辑回归模型:[0.27966231]
train_score=0.9577464788732394
test_score=0.9370629370629371
```

可以看到模型精度非常高，因为该数据集本身就是分类问题，恰好也说明了线性模型中的逻辑回归适用于分类问题。

接下来调整算法的参数，观察其作用：

```
from sklearn.datasets import load_breast_cancer
```

```
from sklearn.model_selection import train_test_split
from sklearn.linear_model import LogisticRegression
canner = load_breast_cancer()
X_train,X_test,y_train,y_test = train_test_split(canner.data,canner.target,
random_state=2)
reg = LogisticRegression(C=10)
reg.fit(X_train,y_train)
train_score = reg.score(X_train,y_train)
test_score = reg.score(X_test,y_test)
print("系数矩阵{}".format(reg.coef_))
print("逻辑回归模型:{}".format(reg.intercept_))
print("train_score={}".format(train_score))
print("test_score={}".format(test_score))
```

输出结果：

```
系数矩阵[[ 5.35981685  0.16380594 -0.2662258  -0.01920464 -0.92394694 -0.90423965
  -2.00208758 -1.75127308 -0.99667105 -0.01011246 -0.36272752  0.81989888
   0.07523496 -0.06296753 -0.13302556  0.73377212  0.47738635 -0.1621703
  -0.01687874  0.13467602  0.0868277  -0.34186738 -0.01056555 -0.02046761
  -1.88983401 -1.07681624 -2.99925839 -3.1507284  -1.75427144 -0.03616786]]
逻辑回归模型:[0.94371973]
train_score=0.9671361502347418
test_score=0.951048951048951
```

可以看到 C 值增大后，预测精度得到了提高。可能因为参数 C 的初始值过小，正则化过强，所以导致特征系数较小，评分较低。通过可视化观察特征系数的变化：

```
from sklearn.datasets import load_breast_cancer
from sklearn.model_selection import train_test_split
import matplotlib.pyplot as plt
from sklearn.linear_model import LogisticRegression
canner = load_breast_cancer()
X_train,X_test,y_train,y_test = train_test_split(canner.data,canner.target,
random_state=2)
lg01 = LogisticRegression(C=0.1).fit(X_train,y_train)
lg1 = LogisticRegression().fit(X_train,y_train)
lg10 = LogisticRegression(C=10).fit(X_train,y_train)
plt.plot(lg01.coef_.T,'x',label = 'Logistic C=0.1')
plt.plot(lg1.coef_.T,'o',label = 'Logistic C=1')
plt.plot(lg10.coef_.T,'.',label = 'Logistic C=10')
plt.xticks(range(canner.data.shape[1]),canner.feature_names,rotation=90)
plt.hlines(0,0,canner.data.shape[1])
plt.xlabel("coefficient index")
plt.ylabel("coefficient magnitude")
plt.legend()
plt.show()
```

输出结果如图 3-12 所示。

由于逻辑回归使用 L2 正则化，因此可以看到随着 C 值增大特征系数也会变大，随着 C 值减小特征系数也会变小，但是不会为 0。相关内容在第 4 章有详细说明。

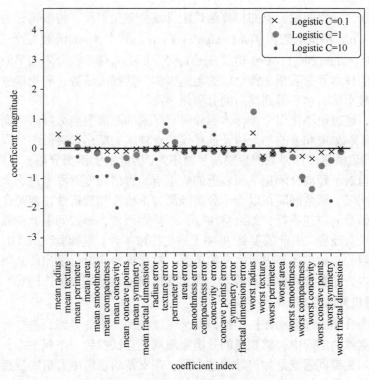

图 3-12　逻辑回归特征系数的变化

3.3.3　算法的优缺点

1．优点

（1）逻辑回归算法简单、运行速度快，适用于二分类问题。

（2）逻辑回归算法易于理解，能直接看到各个特征的权重。

（3）逻辑回归算法容易吸收新的数据更新模型。

2．缺点

逻辑回归算法适应能力弱，对数据适应能力有局限性。

3.4　支持向量机

3.4.1　算法介绍

　　支持向量机是一种经典的算法，其应用领域主要是文本分类、图像识别，为避免过拟合提供了很好的理论保证。支持向量机是一种二分类模型。当然支持向量机被修改之后也可以用于多类别问题的分类，还可以用于回归问题的分析，它在解决小样本、非线性及高维模式识别中表现出许多特有的优势，并能够推广应用到函数拟合等其他机器学习问题中。

　　1．感知机算法原理

　　由于支持向量机是在感知机的原理上改进而来的，因此在讲解支持向量机算法之前，先介绍感知机算法。对于感知机和支持向量机，其模型是二分类模型，因此以下面二分类问题为背景进行研究。对于二分类问题，感知机算法试图寻找分隔超平面，将数据分为两类。分隔超平面公式为 $\omega^{\mathrm{T}}x+b=0$，决策函数为 $f(X)=\mathrm{sign}(\omega^{\mathrm{T}}x+b)$。其中 sign 函数为符号函数，$x>0$ 时，$\mathrm{sign}(x)=1$；$x<0$ 时，$\mathrm{sign}(x)=-1$；$x=0$ 时，$\mathrm{sign}(x)=0$。那么如何寻找分隔超平面呢？感知机算法直接使用误分类的样本到分隔超平面之间的距离 S 作为其损失函数，利用梯度下降法求得误分类的损失函数的极小值，然后得到最后的分隔超平面。

在感知机中，通过最小化误分类样本到分隔超平面的距离得到分隔超平面。但在分隔超平面中，分隔超平面参数 W 和 b 的初始值及选择误分类样本的顺序都对最终分隔超平面的计算有影响，不同的初始值或者顺序得到的分隔超平面不同，因此对于距离分隔超平面较远的数据点，置信程度较大，但对于距离分隔超平面较近的数据点，置信程度就没有这么大了。因此要定义函数间隔和几何间隔，函数间隔可以表示分类预测的正确性和确定性。但是在选择分隔超平面的过程中，只有函数间隔还不行，如果将 W、b 都扩大两倍，函数间隔就变成了原来的两倍，但是分隔超平面没有改变。因此需要将 W 加上一定约束条件，这样就变成了几何间隔。对于函数间隔和几何间隔的具体描述超出了本书的范围。对于支持向量机求出的分隔超平面，不仅要能够正确划分样本，还要使几何间隔最大。那么支持向量机是如何工作的呢？

2. 支持向量机算法原理

支持向量机的分类原理和感知机类似，就是尝试找到一条分界线，把二元数据隔离开。在三维空间或者更高维的空间中，感知机的分类原理就是尝试找到一个超平面，它能够把所有的二元类别隔离开。关键问题就是如何寻找这个面。在支持向量机中要借助支持向量来寻找，支持向量就是离分界线最近的向量。

在介绍支持向量机之前，首先要介绍什么是线性不可分。线性不可分简单来说就是一个数据集不可以通过一个线性分类器（直线、平面）来实现分类。假设有一组数据，代码如下：

```
from sklearn.datasets import make_blobs
import mglearn
import matplotlib.pyplot as plt
X,y = make_blobs(centers=3,random_state=7)
y = y%2
mglearn.discrete_scatter(X[:,0],X[:,1],y)
plt.show()
```

输出结果如图 3-13 所示。

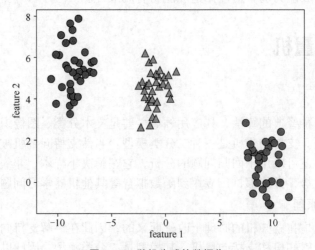

图 3-13　随机生成的数据集

接下来利用逻辑回归对数据集进行划分。

```
from sklearn.datasets import make_blobs
import mglearn
import matplotlib.pyplot as plt
from sklearn.linear_model import LogisticRegression
X,y = make_blobs(centers=3,random_state=7)
y = y%2
reg = LogisticRegression().fit(X,y)
mglearn.plots.plot_2d_separator(reg,X)
mglearn.discrete_scatter(X[:,0],X[:,1],y)
plt.show()
```

输出结果如图 3-14 所示。

可以看到，对于上述数据集利用逻辑回归并不能实现很好的划分，因为逻辑回归主要用于处理二分类问题。如果要用逻辑回归解决上述问题的话，需要在原始数据集中添加非线性特征，但是往往不知道添加哪些特征，而且添加多个特征会大大提高计算量。上面的数据集在实际应用中是很常见的，例如人脸图像、文本文档等。如果数据集是线性可分的，逻辑回归可以很好地解决它的分类问题，支持向量机也可以找到分隔超平面对它进行划分，但如果它线性不可分，要在逻辑回归中进行处理就显得比较复杂，于是出现了

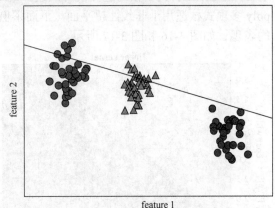

图 3-14　利用逻辑回归对数据集进行划分

支持向量机。可以在支持向量机的函数间隔中添加松弛变量或者核函数。一般先使用核函数，通过将样本映射到高维特征空间使得样本线性可分，这样会得到一个复杂模型，但是会导致过拟合，所以再使用松弛变量对其进行调整。经过支持向量机的计算会得到图 3-15 所示的图像。

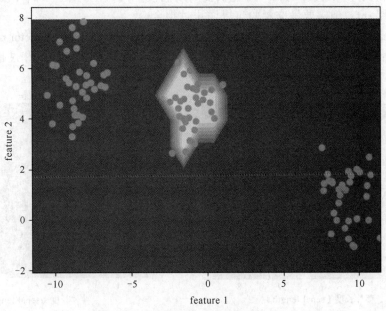

图 3-15　支持向量机对数据集进行划分

可以看到此时的决策边界已经不是一条直线，而是一个超平面，它映射到二维图像就变成了曲线。

支持向量机的参数如下：

```
def __init__(self, C=1.0, kernel='rbf', degree=3, gamma='auto_deprecated',
             coef0=0.0, shrinking=True, probability=False,
             tol=1e-3, cache_size=200, class_weight=None,
             verbose=False, max_iter=-1, decision_function_shape='ovr',
             random_state=None):
```

接下来分析支持向量机的参数，其中最重要的 3 个参数为 kernel、gamma、C。

（1）kernel：关于核的选择。可以选择的 kernel 有 rbf、linear、poly 等。其中 rbf 高斯核和 poly 多项式核适用于非线性超平面。下面举例说明线性核和非线性核在双特征鸢尾花数据集上的表现，如图 3-16 和图 3-17 所示。

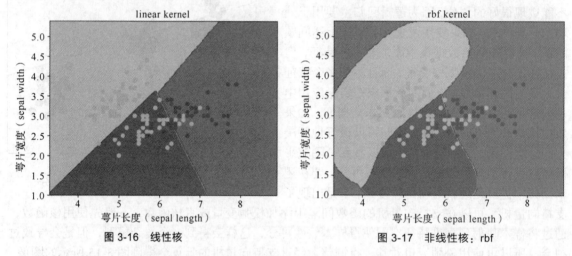

图 3-16　线性核　　　　　　　　　　　图 3-17　非线性核：rbf

当特征数较大（特征数>1000）时建议使用线性核，因为在高维空间中，数据更容易线性可分，也可使用 rbf，但需要做交叉验证以防止过拟合。

（2）gamma：当 kernel 一定时，gamma 值越大，支持向量机（support vector machine，SVM）就会越倾向于准确地划分每一个训练集里的数据，这会导致泛化误差较大和过拟合，如图 3-18 和图 3-19 所示。

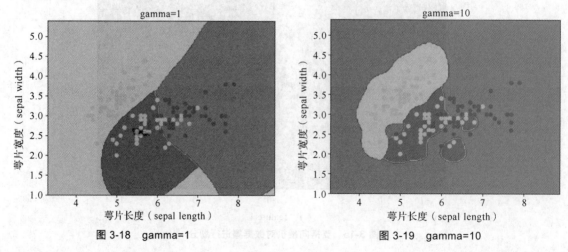

图 3-18　gamma=1　　　　　　　　　　图 3-19　gamma=10

（3）C：错误项的惩罚参数，用于平衡（trade off）控制平滑决策边界和训练数据分类的准确性。与逻辑回归中的 C 值一样，值越大正则化越弱。与前面类似，如果 C 值越大，那么特征系数也会越大，逻辑回归和线性 SVM 可能将训练集拟合得最好；而如果 C 值越小，那么模型更强调使特征向量接近 0，如图 3-20 和图 3-21 所示。

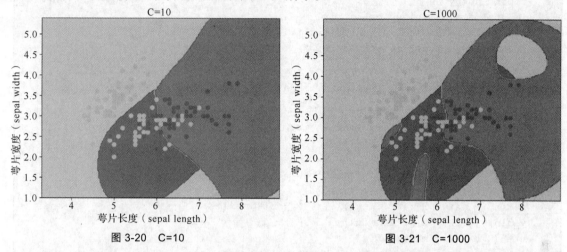

图 3-20　C=10　　　　　　　　　　　图 3-21　C=1000

SVM 涉及核的选择，那么对于核的选择技巧是什么呢？第 1 种情况，如果样本数小于特征数，那么没必要选择非线性核，简单使用线性核就可以了。第 2 种情况，如果样本数大于特征数，那么可以使用非线性核，将样本映射到更高维度，这样一般可以得到更好的结果。第 3 种情况，如果样本数量和特征数相等，那么可以使用非线性核，原理和第 2 种情况一样。

3.4.2　算法实现

下面用 SVM 来实现多分类问题。先用 SVM 对鸢尾花数据集进行精度测试，因为要用到特征可视化，所以暂取两个特征。

```
import numpy as np
import matplotlib.pyplot as plt
from sklearn.datasets import load_iris
from sklearn.model_selection import train_test_split
from sklearn import svm
X = load_iris().data
y = load_iris().target
X = X[:,:2]
X_train,X_test,y_train,y_test = train_test_split(X,y,random_state=1)
clf = svm.SVC(C=1,gamma=10)
clf.fit(X_train,y_train)
score = clf.score(X_test,y_test)
print("clf.score={}".format(score))
#输出结果
clf.score=0.7894736842105263
```

精度不算很高，可以通过调参来提高精度，将 gamma 调为 1。

```
clf = svm.SVC(C=1,gamma=1)
clf.fit(X_train,y_train)
score = clf.score(X_test,y_test)
print("clf.score={}".format(score))
```

```
#输出结果
clf.score=0.8157894736842105
```

精度有所提高，还可以继续测试寻找最优方案。然后对 SVM 进行可视化。

```
import numpy as np
import matplotlib.pyplot as plt
from sklearn.datasets import load_iris
from sklearn.model_selection import train_test_split
from sklearn import svm
X = load_iris().data
y = load_iris().target
X = X[:,:2]
X_train,X_test,y_train,y_test = train_test_split(X,y,random_state=1)
clf = svm.SVC(C=1,gamma=10)
clf.fit(X_train,y_train)
score = clf.score(X_test,y_test)
print("clf.score={}".format(score))
x_min, x_max = X[:, 0].min() - 1, X[:, 0].max() + 1
y_min, y_max = X[:, 1].min() - 1, X[:, 1].max() + 1
h = (x_max / x_min)/100
xx, yy = np.meshgrid(np.arange(x_min, x_max, h),
np.arange(y_min, y_max, h))
plt.subplot(1, 1, 1)
Z = clf.predict(np.c_[xx.ravel(), yy.ravel()])
Z = Z.reshape(xx.shape)
plt.contourf(xx, yy, Z, cmap=plt.cm.Paired, alpha=0.8)

plt.scatter(X[:, 0], X[:, 1],marker='.', c='g', cmap=plt.cm.Paired)
plt.xlabel('sepal length')
plt.ylabel('sepal width')
plt.xlim(xx.min(), xx.max())
plt.title('SVC with linear rbf')
plt.show()
```

输出结果如图 3-22 所示。

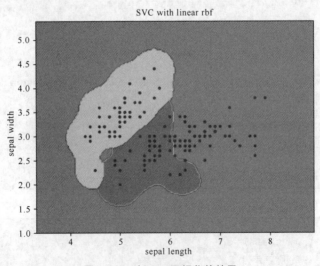

图 3-22　对 SVM 可视化的结果

3.4.3　算法的优缺点

1. 优点

（1）SVM 使用核函数，可以向高维空间进行映射，对高维分类问题的分类效果好。

（2）SVM 使用核函数，可以解决非线性的分类。

（3）SVM 分类效果较好，分类思想很简单，即将样本与分隔超平面的间隔最大化。

（4）因为 SVM 最终只使用训练集中的支持向量，所以节约内存。

2. 缺点

（1）当数据量较大时，SVM 训练时间会较长。

（2）当数据集的噪声过多时，SVM 表现不好。

（3）SVM 内存消耗大，难以解释，运行和调参也麻烦。

（4）SVM 无法直接支持多分类，但是可以使用间接的方法来实现。

3.5　决策树

3.5.1　算法介绍

决策树是一种相对普遍的机器学习算法，常用于分类和回归。在机器学习中，决策树是一个预测模型，它代表的是对象属性与对象值之间的一种映射关系，它在对数据进行分类的同时，还可以给出各个特征的重要性评分。决策树在决策过程中，会根据数据的特征来划分数据的类别。

表 3-2 所示为对数据集进行划分的例子。

表 3-2　　　　　　　　　　　　对数据集进行划分的例子

数据集	大于 0	小于 0	等于 0
数据 1	是	否	否
数据 2	否	否	是
数据 3	否	是	否

若表 3-2 所示的数据集是一个三分类问题，那么根据决策树的划分，结果如图 3-23 所示。

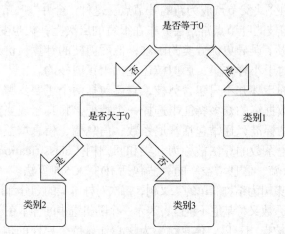

图 3-23　决策树的划分结果

当然可能也会有其他划分方法。总而言之，在使用决策树分类的时候，从根节点开始，对数据集的某一个特征进行测验，选择最优特征，然后每一个数据被对应分配到子节点。如此循环进行，当到达叶节点时，循环停止，这时每个数据都被分到一个类别。如果还有子集不能被正确分类，就对这些子集选择新的最优特征，继续对其进行分类，构建相应的节点，如此循环进行，直至所有训练数据子集被基本正确分类，或者没有合适的特征为止。每个子集都被分到叶节点上，即都有了明确的类别，这样就生成了一棵决策树。但是如果在特征的数量非常大、数据非常多的情况下，算法的计算量肯定会非常大，那应该如何处理呢？下面对决策树的参数进行分析。

```
def __init__(self,
             criterion="gini",
             splitter="best",
             max_depth=None,
             min_samples_split=2,
             min_samples_leaf=1,
             min_weight_fraction_leaf=0.,
             max_features=None,
             random_state=None,
             max_leaf_nodes=None,
             min_impurity_decrease=0.,
             min_impurity_split=None,
             class_weight=None,
             presort=False):
```

从决策树函数中看到决策树的参数比较多，其中比较重要的参数是决策树的最大深度max_depth。因为决策树模型比较复杂，对训练集中的数据表现得很好，但在测试集上的表现并不是很好，所以容易产生过拟合。通过对最大深度进行限制则可以解决这一问题。这种对树预先进行处理的操作，称为预剪枝。

预剪枝是指在树的"生长"过程中设定一个指标，当达到该指标时树就停止生长。这样虽然方便，但是有局限性，即一旦达到指标，节点就变成了叶节点，不过如果往后继续分支可能会出现更好的分类方法。因此说预剪枝可能会误导更优分类。

还有一种方式可以解决过拟合问题，即先构建树，然后删除信息量很少的节点。这种方式被称为后剪枝。后剪枝中树首先要充分生长，充分利用全部数据集，让叶节点都有最小的不纯度。然后考虑是否消去所有相邻的成对叶节点的不纯度，如果消去能引起令人满意的不纯度增长，那么执行消去，并令它们的公共父节点成为新的叶节点。这种"合并"叶节点的做法和节点分支的过程恰好相反，经过后剪枝的叶节点常常会分布在很宽的层次上，树也变得非平衡。

后剪枝的优点是克服了误导更优分类的困难，但后剪枝的计算代价比预剪枝大得多，特别是在大样本集中，不过对于小样本集，后剪枝还是优于预剪枝的。

实际中构建决策树的步骤并不只包含剪枝，它还包括两个重要步骤：特征选择、决策树的生成。特征选择就是从数据集的众多特征中选择一个特征，将其当成当前节点的判断标志。选择特征有许多不同的评估标准，通常包括基尼系数、信息熵、信息增益率等，从而衍生出不同的决策树算法。基于基尼系数的算法被称为分类和回归树（classification and regression tree，CART）算法，基于信息熵、信息增益率的算法包括 ID3、C5.5 算法。

CART 算法生成的决策树为结构简单的二叉树，每次对样本集的划分都计算基尼系数，基尼系数越小则划分越合理。基尼系数又称基尼不纯度，表示一个随机选中的样本在子集中被分错的可能性。

ID3 算法于 1975 年被提出，以"信息熵"为核心计算每个属性的信息增益率，节点划分标准是选取信息增益率最高的属性作为划分属性。ID3 算法只能处理离散属性，并且类别值较多的输入变量比类别值较少的输入变量更有机会成为当前最佳划分点。

C5.5 算法使用信息增益率来选择属性，存在选择取值较少属性的偏好，因此，可采用启发式搜索方法，先从候选划分属性中找出信息增益率高于平均水平的属性，再从中选择信息增益率最高的属性作为划分属性。基于这些改进，C5.5 算法克服了 ID3 算法使用信息增益率选择属性时偏向选择取值多的属性的不足。

算法的选择可以根据函数中的 criterion 参数进行调整，默认为基尼系数 gini，可以调节为信息增益率的熵 entropy。通过 min_impurity_decrease 来优化模型，这个参数用来指定信息熵或者基尼系数的阈值，当决策树分裂后，其信息增益率低于这个阈值时则不再分裂。

信息熵表示事件的不确定性。变量不确定性越高，熵越高。划分数据集的一大原则是，让数据从无序变得有序，在划分数据集前后信息发生的变化称为信息增益率，获得信息增益率最高的特征就是最好的选择。

基尼系数是一种与信息熵类似的、做特征选择的方式，通常用于 CART 算法中。基尼系数等于样本被选中的概率乘以它被分错的概率。当一个节点中所有样本都属于同一个类别时，基尼系数为零。

决策树生成是指根据选择的特征评估标准，从上至下递归地生成子节点，直到数据集不可分，则决策树停止生长。对树结构来说，递归结构是最容易理解的结构之一。

3.5.2 算法实现

接下来通过鸢尾花数据集对 CART 分类树（决策树解决分类问题）进行分析。CART 分类树中，利用基尼系数作为划分树的指标，通过样本的特征对样本进行划分，直到所有的叶节点中的所有样本都属于同一个类别为止。代码如下：

```
from sklearn.datasets import load_iris
from sklearn.model_selection import train_test_split
from sklearn.tree import DecisionTreeClassifier
iris = load_iris()
X_train,X_test,y_train,y_test = train_test_split(iris.data,iris.target,
random_state=3)
tree = DecisionTreeClassifier(random_state=3)
tree.fit(X_train,y_train)
score = tree.score(X_test,y_test)
print(score)
```

输出结果：

```
0.9473684210526315
```

算法建立的模型不错，评分达到了 94%。因为决策树的算法复杂，容易产生过拟合，所以要对训练集进行测试：

```
train_score = tree.score(X_train,y_train)
print(train_score)
```

输出结果：

```
1.0
```

可以看到模型在训练集上的评分达到了 100%，与在测试集上的评分差得比较多，因此肯定发生了过拟合。因而可以对数据进行剪枝：

```
from sklearn.datasets import load_iris
```

```
from sklearn.model_selection import train_test_split
from sklearn.tree import DecisionTreeClassifier
iris = load_iris()
X_train,X_test,y_train,y_test = train_test_split(iris.data,iris.target,
random_state=3)
tree = DecisionTreeClassifier(max_depth=3,random_state=3)
tree.fit(X_train,y_train)
train_score = tree.score(X_train,y_train)
test_score = tree.score(X_test,y_test)
print("训练集精度:{}".format(train_score))
print("测试集精度:{}".format(test_score))
```

输出结果:

```
训练集精度:0.9821428571428571
测试集精度:0.9736842105263158
```

将最大深度设置为 3，可发现精度提高了很多，说明刚才的猜测是正确的，发生了过拟合。接下来通过可视化来观察决策原理。需要用到 export_graphviz() 函数：

```
from sklearn.datasets import load_iris
from sklearn.model_selection import train_test_split
from sklearn.tree import DecisionTreeClassifier
from sklearn.tree import export_graphviz
import matplotlib.pyplot as plt
import graphviz
iris = load_iris()
X_train,X_test,y_train,y_test = train_test_split(iris.data,iris.target,
random_state=0)
tree = DecisionTreeClassifier(max_depth=3)
tree.fit(X_train,y_train)
export_graphviz(tree,out_file="first_tree.dot",impurity=False,filled=True,
feature_names=['sepal length (cm)','sepal width (cm)','petal length (cm)', 'petal
width (cm)'])
```

输出结果如图 3-24 所示。

运行之后发现文件夹中出现了 first_tree.dot 文件，找到该文件，如图 3-25 所示。利用命令输出决策树，如图 3-26 所示。

图 3-24　决策原理可视化结果

图 3-25　first_tree.dot 文件位置

```
C:\Users\10052>cd C:\Users\10052\PycharmProjects\untitled
C:\Users\10052\PycharmProjects\untitled>dot -Tpng first_tree.dot -o first_tree.png
```

图 3-26　利用命令输出决策树

进入 Windows 命令提示符窗口，使用 cd 命令切换到 tree.dot 所在的路径，执行 dot -Tpng first_tree.dot -o first_tree.png，然后在文件夹中就出现了一个便捷式网络图形（portable network graphics，PNG）格式的图片，打开它后可以看到决策树的决策过程，如图 3-27 所示。

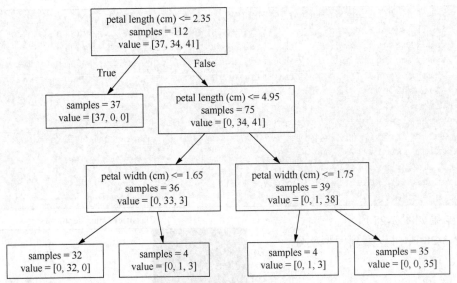

图 3-27　决策树的决策过程

从图 3-27 中可以看到，对鸢尾花数据集的决策只用到了 petal length 和 petal width 两个特征。在决策树中还可以看到模型特征的重要性，特征的值全部在 0～1，越接近 1，表示特征越重要。代码如下：

```
from sklearn.datasets import load_iris
from sklearn.model_selection import train_test_split
from sklearn.tree import DecisionTreeClassifier
iris = load_iris()
X_train,X_test,y_train,y_test = train_test_split(iris.data,iris.target,
random_state=3)
tree = DecisionTreeClassifier(max_depth=3,random_state=3)
tree.fit(X_train,y_train)
print("特征重要性{}".format(tree.feature_importances_))
```

输出结果：

```
特征重要性[0.          0.          0.06497876 0.93502124]
```

可以看到只用到了两个特征。

为了方便可视化观察决策树的决策过程，只取数据集的两个特征，根据前面特征的重要性，选择后两个特征 petal length 和 petal width：

```
from sklearn.datasets import load_iris
from sklearn.model_selection import train_test_split
from sklearn.tree import DecisionTreeClassifier
from matplotlib.colors import ListedColormap
import matplotlib.pyplot as plt
import numpy as np
iris = load_iris()
X = iris.data[:,2:4]
y = iris.target
X_train,X_test,y_train,y_test = train_test_split(X,y,random_state=3)
tree = DecisionTreeClassifier(max_depth=3,random_state=3)
tree.fit(X_train,y_train)
cmap_light = ListedColormap(['#000000','#888888', '#FFFFFF'])
```

```
cmap_bold = ListedColormap(['#0000FF','#00FF00' ,'#FF0000'] )
x_min, x_max= X_train[:, 0] .min() - 1, X_train[:, 0] .max() + 1
y_min, y_max = X_train[:, 1] .min() - 1, X_train[:, 1] .max() + 1
xx,yy=np.meshgrid(np.arange(x_min, x_max, .02),np.arange (y_min, y_max, .02) )
Z = tree.predict(np.c_[xx.ravel(),yy. ravel() ])
Z = Z.reshape (xx. shape)
plt.figure ()
plt.pcolormesh(xx,yy,Z,cmap=cmap_light)
plt.scatter(X[:,0],X[:,1],c=y, cmap=cmap_bold, edgecolor='0', s=40)
plt.xlim(xx.min(),xx.max())
plt.ylim(yy.min(),yy .max() )
plt.title ("Classifier: (max_depth=3)")
plt.show()
```

输出结果如图 3-28 所示。

从图 3-28 中可以看到模型构建得非常好。

3.5.3 算法的优缺点

1. 优点

（1）决策树通过可视化的树容易被解释，一般人们在解释后都能理解决策树所表达的意义。

（2）决策树易于通过静态测试来对模型进行评测，可以处理连续数据和种类字段。决策树可以清晰地显示哪些字段比较重要。其他的技术往往要求数据属性的单一。

（3）可以对有许多属性的数据集构建决策树。它在相对短的时间内能够对大型数据集得出可行且效果良好的结果。

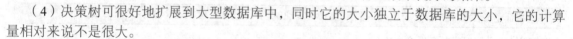

图 3-28　决策树的决策边界

（4）决策树可很好地扩展到大型数据库中，同时它的大小独立于数据库的大小，它的计算量相对来说不是很大。

2. 缺点

（1）对于那些各类别样本数量不一致的数据，在决策树当中，信息增益的结果偏向于那些具有更多数值的特征。决策树处理缺失数据时存在困难。

（2）决策树容易出现过拟合问题。

（3）对有时间顺序的数据，决策树需要做很多预处理工作。

（4）决策树容易忽略数据集中属性之间的相关性。当类别太多时，错误量可能会增加得比较快。它用于一般的算法分类的时候，只根据一个字段来分类。

3.6　随机森林

3.6.1　算法介绍

因为决策树通常会出现过拟合的问题，所以产生了随机森林这一算法。随机森林是集成算法的一种。

　　常见的集成算法有 3 类，分别是装袋（bagging）算法、提升（boosting）算法和投票（voting）算法。装袋算法是指将训练集分成多个子集，然后对各个子集进行模型训练。提升算法是指训练多个模型并将它们组成一个序列，序列中的每一个模型都会修正前一个模型的错误。投票算法是指训练多个模型，并采用样本统计来提高模型的精度。

　　随机森林属于装袋算法的一种，在分类和回归问题上都可以运用，相对来说是一种比较新的机器学习算法。所谓随机森林是指对变量、数据进行随机化，用随机的方式建立一个森林，森林里面有很多的决策树。随机森林的每一棵决策树之间是没有关联的，决策树算法通过循环的二分类方法实现，计算量大大降低。在得到森林之后，当有一个新的输入样本进入时，森林中的每一棵决策树分别进行判断，预测这个样本应该属于哪一类（对于分类算法）。一般情况下，决策树中哪一类被选择的次数最多，就预测这个样本为哪一类。

　　在利用随机森林构建每一棵决策树的过程中，需要注意两点：采样和完全分裂。首先是采样的过程，随机森林对于输入的样本要进行行和列的采样，行代表数据个数，列代表特征个数。对于行的采样，利用有放回采样的方式得到的每一棵树中的样本可能会有重复的数据，也就是说一棵树中可能有 N 个数据，而这 N 个数据只是数据集中的一个数据被重复抽取了 N 次得到的。采用有放回采样的方式保证了每棵树的差异性，假如一个样本只有 N 个数据，而采样数据也是 N 个数据，这样就使得每一棵树都不是完全相同的，不会出现每棵树都是这 N 个数据，也就减少了过拟合。对于列的采样，从特征中选取的特征数要远小于样本中的特征数，然后对每一棵树中的样本使用完全分裂的方式构建决策树。完全分裂可以保证决策树的每一个叶节点中只有一类。

　　随机森林在对数据进行分类的同时，还可以给出各个变量的重要性评分，评估各个变量在分类中所起的作用，再汇总分类的结果。许多研究表明，组合分类器比单一分类器的分类效果好，随机森林在运算量没有显著提高的前提下提高了预测精度。随机森林对多元共线性不敏感，对缺失数据和非平衡数据的分类比较稳健，可以很好地预测上千个解释变量的作用，被誉为当前最好的算法之一。

　　下面通过随机森林的参数，分析其具体实现方法。

```
def __init__(self,
            n_estimators='warn',
            criterion="gini",
            max_depth=None,
            min_samples_split=2,
            min_samples_leaf=1,
            min_weight_fraction_leaf=0.,
            max_features="auto",
            max_leaf_nodes=None,
            min_impurity_decrease=0.,
            min_impurity_split=None,
            bootstrap=True,
            oob_score=False,
            n_jobs=None,
            random_state=None,
            verbose=0,
            warm_start=False,
            class_weight=None):
```

　　在随机森林中，有 3 个比较重要的特征，分别是最大特征数 max_features、分类器的个数 n_estimators、最小样本叶节点数 min_samples_leaf。max_features 是随机森林允许在单个树中尝试的最大特征数，如果设置 max_features 等于决策树中的 n_features，那么每次划分数据集的时候都要考虑所有特征，失去了随机性。但在随机森林中，bootstrap 表示自主采样，即有放回地采样，这样增强了随机森林的随机性。如果设置 max_features 等于 1，那么划分时无法选择对哪个特征进行测试，只能对每个特征搜索不同的阈值。所以最大特征数的设置非常重要。叶子是决策树的末端节点。较小的叶节点数使模型更容易捕捉训练数据中的噪声。一般来说，将最小叶节点数设置为大于 50 的数，应该尽量尝试不同数量和种类的叶节点，以找到最优的组合。

3.6.2　算法实现

接下来实现由 3 棵树组成的随机森林。代码如下：

```
from sklearn.datasets import load_iris
from sklearn.model_selection import train_test_split
from sklearn.ensemble import RandomForestClassifier
import matplotlib.pyplot as plt
import mglearn
iris = load_iris()
X = iris.data[:,2:4]
y = iris.target
X_train,X_test,y_train,y_test = train_test_split(X,y,random_state=3)
forest = RandomForestClassifier(n_estimators=3,max_depth=3)
forest.fit(X_train,y_train)

fig, axes = plt.subplots(2,2,figsize=(6,6))
for i,(ax,tree) in enumerate(zip(axes.ravel(),forest.estimators_)):
    ax.set_title("tree {}".format(i))
    mglearn.plots.plot_tree_partition(X_train,y_train,tree,ax=ax)
mglearn.plots.plot_2d_separator(forest,X_train,fill=True,alpha=0.4)
axes[-1,-1].set_title("Random forest")
mglearn.discrete_scatter(X_train[:,0],X_train[:,1],y_train)
plt.show()
```

输出结果如图 3-29 所示。

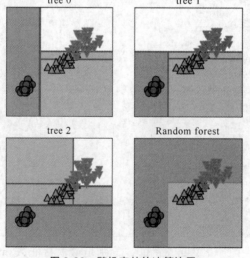

图 3-29　随机森林的决策边界

从图 3-29 中可以看出，每棵树都有不同的决策边界，而最后的随机森林模型由 3 棵树综合而成。随机森林的过拟合程度比任何一棵树都要小，给出的决策边界也更符合直觉。下面查看随机森林对数据集中特征重要性的分析。

```
from sklearn.datasets import load_iris
from sklearn.model_selection import train_test_split
from sklearn.ensemble import RandomForestClassifier
iris = load_iris()
X_train,X_test,y_train,y_test = train_test_split(iris.data,iris.target,
random_state=3)
tree = RandomForestClassifier(max_depth=3,n_estimators=3)
tree.fit(X_train,y_train)

print("特征重要性{}".format(tree.feature_importances_))
```

输出结果：

```
特征重要性[0.12563875 0.00652473 0.48030131 0.38753521]
```

从输出结果中可以看到，没有评分为 0 的特征，也就说明了随机森林构建的模型比决策树构建的模型更能从总体上进行分析。

3.6.3　算法的优缺点

1．优点

（1）随机森林在数据集上表现良好，两个随机性的引入，使得随机森林不容易发生过拟合。

（2）在当前的很多数据集上，随机森林相对其他算法有着很大的优势，两个随机性的引入，使得随机森林具有很好的抗噪声能力。

（3）随机森林训练速度快，容易实现并行化。

（4）随机森林能够处理很高维度的数据，并且不用做特征选择，对数据集的适应能力强：既能处理离散型数据，也能处理连续型数据，且数据集无须规范化。

2．缺点

（1）随机森林已经被证明在某些噪声较大的分类或回归问题上会发生过拟合。

（2）对于属性有不同取值的数据，取值较多的属性会对随机森林产生更大的影响，所以随机森林在这种数据上产生的属性权值是不可信的。

3.7　人工神经网络

3.7.1　算法介绍

人工神经网络（artificial neural network，ANN）简称为神经网络或类神经网络，是一种模拟动物神经元的算法，类似大脑中神经突触连接，它通过分布式并行处理信息，并建立数学模型。这种神经网络依靠系统的复杂程度，调节系统内部的连接关系，从而达到处理信息的目的，并具有自学习和自适应的能力。

神经网络是一种运算模型，一般通过统计学的方法进行优化，所以神经网络也是统计学方法的实践。一方面，通过统计学的方法可以得到大量函数来应用于神经网络结构。另一方面，在人工智能的感知领域，通过统计学的应用可以解决人工感知方面的决策问题，这种方法比正式的逻辑学推理演算更具有优势。

典型的神经网络具有以下 3 个部分。

（1）结构：指定网络中的变量和它们的拓扑关系。例如，神经网络中的变量可以是神经元连接的权重和神经元的激励值。

（2）激励函数：每个神经元都有一个激励函数，它主要是一个根据输入传递输出的函数。大部分神经网络模型具有一个短时间尺度的动力学规则，来定义神经元如何根据其他神经元的活动改变自己的激励值。一般激励函数依赖于神经网络中的权重。

（3）学习规则：指定神经网络中的权重如何随着时间推进而调整。它一般被看作一个长时间尺度的动力学规则。一般情况下，学习规则依赖于神经元的激励值，但它也可能依赖于监督者提供的目标值和当前权重的值。

神经网络中比较重要的是多层感知机（multilayer perceptron，MLP）算法。MLP 也被称为前馈神经网络，或者被泛称为神经网络。下面重点介绍这一算法。

神经网络的预测精确，但是计算量相对来说也比较大。神经元之间的每个连接都有一个权重，用于表示输入值的重要性。一个特征的权重越高，说明该特征越重要。在线性回归中有下面的公式：

$$\hat{y} = \omega[0] * x[0] + \omega[1] * x[1] + \cdots + \omega[n] * x[n] + b$$

其中，x 表示特征，ω 表示特征的权重，$\hat{y}$ 表示加权求和的结果。

线性回归的模型如图 3-30 所示。

而神经网络的神经元分为 3 种不同类型的层次：输入层、隐藏层、输出层。输入层接收输入数据，隐藏层对输入数据进行数学计算，输出层是神经元的最后一层，主要作用是为此程序产生指定的输出。神经网络的 3 层模型如图 3-31 所示。

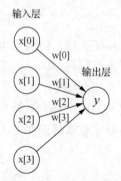

图 3-30　线性回归的模型

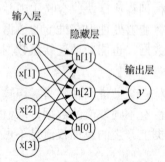

图 3-31　神经网络的 3 层模型

当一组输入数据通过神经网络中的所有层后，最终通过输出层返回输出数据。但神经网络的计算并没有这么简单。神经网络是一种非线性统计性数据建模工具。如果只对每一层的隐藏层进行加权求和，得到的模型与线性模型相差无几，所以在生成隐藏层后需要进行非线性变换（一般是进行非线性矫正或者是双曲正切处理）。通过非线性变换，神经网络可以拟合任意一个函数。经过非线性处理的数据如下：

```python
import numpy as np
import matplotlib.pyplot as plt
line = np.linspace(-9, 9, 200)
plt.plot(line, np.tanh(line), label="tanh")
plt.plot(line, np.maximum(line, 0), label="relu")
```

```
plt.legend(loc="best")
plt.xlabel("x")
plt.ylabel("relu(x), tanh(x)")
plt.show()
```

输出结果如图 3-32 所示。

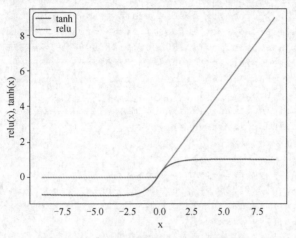

图 3-32   对数据进行非线性处理

然后神经网络的模型就由 3 层变成了 4 层，代码如下：

```
def __init__(self, hidden_layer_sizes=(100,), activation="relu",
        solver='adam', alpha=0.0001,
        batch_size='auto', learning_rate="constant",
        learning_rate_init=0.001, power_t=0.5, max_iter=200,
        shuffle=True, random_state=None, tol=1e-4,
        verbose=False, warm_start=False, momentum=0.9,
        nesterovs_momentum=True, early_stopping=False,
        validation_fraction=0.1, beta_1=0.9, beta_2=0.999,
        epsilon=1e-8, n_iter_no_change=10):
```

神经网络的 4 层模型如图 3-33 所示。

神经网络中的重要参数 hidden_layer_sizes 表示隐藏层中节点的数量和隐藏层的层数，例如 hidden_layer_sizes=(100,100)，表示有两层隐藏层，第一层隐藏层有 100 个神经元，第二层隐藏层也有 100 个神经元。还有激励函数参数 activation 用于选择非线性函数，默认为 relu，还可以选择 tanh、identity 函数，以及 logistic 逻辑函数 Sigmoid，该函数在逻辑回归中提过。solver

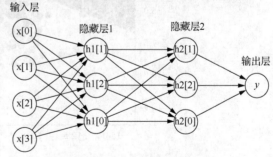

图 3-33   神经网络的 4 层模型

用来优化权重，默认为 adam，solver 'adam'在相对较大的数据集上效果比较好，对于项目实现演示所用的小数据集来说，lbfgs 收敛更快，效果也更好。

3.7.2   算法实现

下面对 MLP 算法项目进行实现。代码如下：

```
from sklearn.neural_network import MLPClassifier
```

```
from sklearn.model_selection import train_test_split
from sklearn.datasets import make_blobs
import matplotlib.pyplot as plt
from matplotlib.colors import ListedColormap
import numpy as np
X, y = make_blobs(n_samples=500,cluster_std=2,random_state=9)
X_train, X_test, y_train, y_test = train_test_split(X, y,random_state=9)
mlp = MLPClassifier(solver='lbfgs',).fit(X_train, y_train)
cmap_light = ListedColormap(['#000000','#888888', '#FFFFFF'])
cmap_bold = ListedColormap(['#0000FF','#00FF00' ,'#FF0000'] )
x_min, x_max= X_train[:, 0] .min() - 1, X_train[:, 0] .max() + 1
y_min, y_max = X_train[:, 1] .min() - 1, X_train[:, 1] .max() + 1
xx,yy=np.meshgrid(np.arange(x_min, x_max, .02),np.arange (y_min, y_max, .02) )
Z = mlp.predict(np.c_[xx.ravel(),yy. ravel() ])
Z = Z.reshape (xx. shape)
plt.figure ()
plt.pcolormesh(xx,yy,Z,cmap=cmap_light)
plt.scatter(X[:,0],X[:,1],c=y, cmap=cmap_bold, edgecolor='0', s=40)
plt.xlim(xx.min(),xx.max())
plt.ylim(yy.min(),yy .max() )
plt.title ("MLPClassifier :solver=lbfgs")
plt.show()
```

输出结果如图 3-34 所示。

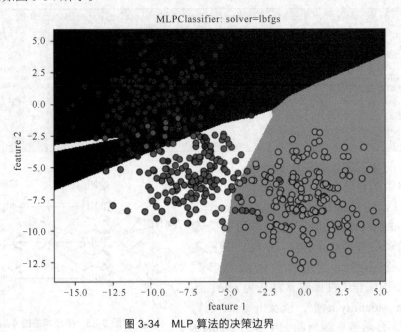

图 3-34 MLP 算法的决策边界

从运行的时间可以感觉到神经网络的计算量比较大。接下来调整隐藏层节点的数量和隐藏层的层数来进行对比：

```
mlp = MLPClassifier(solver='lbfgs',hidden_layer_sizes=(1)).fit(X_train, y_train)
```

输出结果如图 3-35 所示。

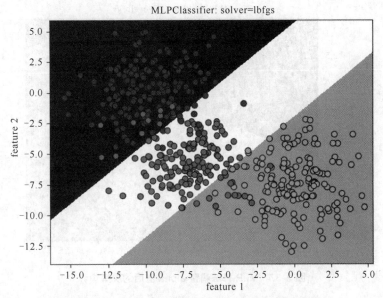

图 3-35　MLP 算法调整隐藏层节点数量后的决策边界

代码如下：

```
mlp = MLPClassifier(solver='lbfgs',hidden_layer_sizes=(100,100)).fit(X_train,
y_train)
```

输出结果如图 3-36 所示。

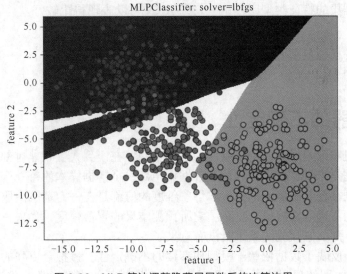

图 3-36　MLP 算法调整隐藏层层数后的决策边界

　　将隐藏层节点的数量调为 1，明显看到决策边界没有了非线性变化，变成了平滑的直线。对隐藏层层数进行调整后，决策边界也发生了变化，虽然变化不是很大，但精度得到了提高，运算时间也变得更长了。

　　对于模型的复杂度，还可以通过调节 alpha 的值来进行控制：

```
mlp = MLPClassifier(solver='lbfgs',alpha=1).fit(X_train, y_train)
```

输出结果如图 3-37 所示。

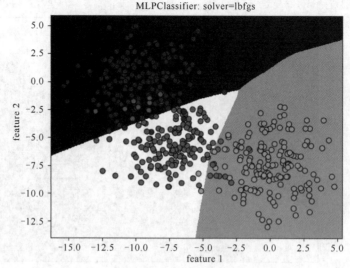

图 3-37　MLP 算法调整 alpha 值后的决策边界

调节 alpha 值后，可以看出最后得到的模型比较符合正确的分类。

3.7.3　算法的优缺点

1. 优点

（1）ANN 可以根据数据构建复杂的模型。

（2）如果数据集的特征类型比较单一，则 ANN 可以表现得比较好。

2. 缺点

（1）当构建的模型复杂时，ANN 所需的计算量非常大。

（2）前文讲的 MLP 算法，仅限于处理小型数据集。

3.8　分类器的不确定性

不确定性是机器学习领域内一个重要的研究主题，在谈到人工智能时都会提到不确定性的概念。确定性数据是指训练数据集和测试数据集中每一个数据样本的每一个属性值都是唯一确定的。但现实数据往往是不确定的，样本每一维度的值都是在一定范围内服从某种分布的数据的集合。分类器的不确定性度量，反映了它所预测结果的置信程度，如果一个分类器预测结果不确定性非常大，那么它预测的结果就没有意义了。

不确定性大小反映了数据依赖于模型和参数的不确定性。过拟合更强的模型可能会得到置信程度更高的预测，即使预测结果可能是错的。复杂度越低的模型通常对预测的不确定性越大。如果模型给出的不确定性符合实际情况，那么这个模型被称为校正模型。在校正模型中，预测的正确度越高，预测结果正确的概率就越大。

在 sklearn 库中有两个函数可以获取分类器的不确定性估计，分别是决策函数 decision_function()和预测函数 predict_proba()，有的分类器含有这两个函数，有的只含有一个或者没有。

3.8.1　决策函数

决策函数 decision_function()返回的是一组浮点数，形状为(n_samples,)。该函数返回正值表明对类别 1 的偏好，返回负值表明对类别 2 的偏好。下面利用线性支持向量分类机（support vector classifier，SVC）来演示决策函数。代码如下：

```
from sklearn.svm import LinearSVC
from sklearn.model_selection import train_test_split
from sklearn.datasets import make_moons
X, y = make_moons(n_samples=20)
X_train, X_test,y_train, y_test =train_test_split(X, y, random_state=9)
svc = LinearSVC()
svc.fit(X_train,y_train)
print("X_test.shape: {}".format(X_test.shape))
print("Decision function shape: {}".format(svc.decision_function(X_test).shape))
print("Decision function:{}".format(svc.decision_function(X_test)))

#输出结果
X_test.shape: (5, 2)
Decision function shape: (5,)
Decision function:[-0.34370763  0.98472376  0.98687026 -1.04492971 -0.10197197]
```

决策函数返回的是参数实例到各个类所代表的超平面的距离，对于这个返回的距离，或者说是分值，后续将指定阈值来进行过滤。

3.8.2　预测函数

预测函数 predict_proba()返回的形状是(n_samples, 2)，一列中两个元素的和恰好为 1，一般认为哪个类别的数值大，该列就属于哪个类别。代码如下：

```
from sklearn.neighbors import KneighborsClassifier
from sklearn.model_selection import train_test_split
from sklearn.datasets import make_moons
X, y = make_moons(n_samples=20)
X_train, X_test,y_train, y_test =train_test_split(X, y, random_state=9)
knn = KNeighborsClassifier()
knn.fit(X_train,y_train)
print("X_test.shape: {}".format(X_test.shape))
print("Shape of probabilities: {}".format(knn.predict_proba(X_test).shape))
print("Predicted probabilities:\n{}".format(knn.predict_proba(X_test)))

#输出结果
X_test.shape: (5, 2)
Shape of probabilities: (5, 2)
Predicted probabilities:
[[0.2 0.8]
 [0.6 0.4]
 [0.8 0.2]
 [0.4 0.6]
 [0.4 0.6]]
```

3.8.3　多分类的不确定性

对于多分类的情况，decision_function()的形状为(n_samples, n_classes)，每一列对应每个类别的"确定度分数"，得分较高的类别可能性更高，得分较低的类别可能性较低。predict_proba()

的形状也是(n_samples, n_classes)，同样各列类别之和为 1，选取得分最高的类别作为该列的类别。代码如下：

```
from sklearn.datasets import make_blobs
from sklearn.ensemble import GradientBoostingClassifier
from sklearn.model_selection import train_test_split
X,y = make_blobs(n_samples=20)
X_train, X_test, y_train, y_test = train_test_split(X,y, random_state=9)
gbrt = GradientBoostingClassifier( random_state=0)
gbrt.fit(X_train, y_train)
print("Decision function shape: {}".format(gbrt.decision_function(X_test).shape))
print("Decision function:{}".format(gbrt.decision_function(X_test)))
print("Predicted probabilities:{}".format(gbrt.predict_proba(X_test)))

#输出结果
Decision function shape: (5, 3)
Decision function:[[-3.61038184 -3.66538996  5.6183201 ]
 [-3.60503455  5.71691029 -3.74785284]
 [-3.60503455  5.79995684 -3.74785284]
 [ 5.89643682 -3.63221421 -3.74268124]
 [-3.61038184 -3.66538996  5.6183201 ]]
Predicted probabilities:[[2.66743968e-04 2.52467154e-04 9.99480789e-01]
 [2.43012269e-04 9.99546318e-01 2.10670150e-04]
 [2.23654297e-04 9.99582457e-01 1.93888500e-04]
 [9.99625376e-01 1.97647439e-04 1.76976649e-04]
 [2.66743968e-04 2.52467154e-04 9.99480789e-01]]
```

可以利用函数的 argmax()再现预测结果来对比分类器的预测结果：

```
from sklearn.datasets import make_blobs
from sklearn.ensemble import GradientBoostingClassifier
from sklearn.model_selection import train_test_split
import numpy as np
X,y = make_blobs(n_samples=20)
X_train, X_test, y_train, y_test = train_test_split(X,y, random_state=9)
gbrt = GradientBoostingClassifier( random_state=0)
gbrt.fit(X_train, y_train)
print("Decision function shape: {}".format(gbrt.decision_function(X_test).
shape))
print("Argmax of decision function:\n{}".format(np.argmax(gbrt.
decision_function(X_test), axis=1)))
print("Argmax of predicted probabilities:\n{}".format(np.argmax(gbrt.
predict_proba(X_test), axis=1)))
print("Predictions:\n{}".format(gbrt.predict(X_test)))

#输出结果
Decision function shape: (5, 3)
Argmax of decision function:
[0 1 1 0 1]
Argmax of predicted probabilities:
[0 1 1 0 1]
Predictions:
[0 1 1 0 1]
```

3.9 小结

本章学习了监督学习算法中的分类算法，包括 KNN、朴素贝叶斯、逻辑回归、SVM、决策树、随机森林、神经网络等。

KNN 算法的原理就是当预测一个新的值的时候，根据它距离最近的 k 个点是什么类别来判断这个值属于哪个类别。朴素贝叶斯算法的原理就是如果一个事件在此类的发生概率最大，则属于此类。

朴素贝叶斯算法分为 3 类，包括高斯朴素贝叶斯算法、伯努利朴素贝叶斯算法、多项式朴素贝叶斯算法，其中多项式朴素贝叶斯算法常用于对文本的处理。

决策树算法的原理就是从根节点开始，对数据集选择最优特征并将其分配到子节点。如此循环进行，直至每个数据都被分到一个类别。

随机森林算法的原理就是随机选择 N 个样本，共进行 K 轮选择，得到 K 个相互独立的训练集。对于 K 个训练集，训练 K 个模型；对于分类问题，由投票表决产生分类结果。

SVM 算法的原理是在空间中找到一个能将所有数据划分开的超平面进行分类，并且使得数据集中所有数据与超平面的距离最短。

神经网络中的 MLP 算法，通过非线性变换（非线性矫正或者是双曲正切处理），可以拟合较为复杂的模型。

习题 3

1. 分析各种算法的原理，并总结其优缺点。
2. 生成一个每个特征都是布尔型数据的数据集，并用伯努利朴素贝叶斯算法建立模型，观察其评分。
3. 实现 SVM 算法，并分析其不同的核所能完成的任务。
4. 试分析决策树与随机森林的关系。
5. 使用不同的算法对鸢尾花数据集进行处理，寻找较为合适的算法。

第4章 回归算法

第 3 章对分类算法进行了介绍，接下来介绍回归算法。回归算法是一种根据数据构建模型，再利用这个模型训练其中的数据并进行处理的算法，训练得到的是样本特征与样本标签之间的映射，样本标签是连续的。回归算法以线性模型为主。线性模型指的不是一个模型，而是一类模型，包括线性回归、岭回归、LASSO 回归等。

4.1 线性回归

4.1.1 线性模型

对于线性模型，其公式一般如下所示：

$$\hat{y} = \omega[0]*x[0] + \omega[1]*x[1] + \cdots + \omega[n]*x[n] + b$$

式中，$x[0]\sim x[n]$ 表示特征，$\omega[0]\sim\omega[n]$ 和 b 表示模型的参数。

当数据集特征数为 1 时，线性模型公式如下：

$$\hat{y} = \omega[0]*x[0] + b$$

下面利用一组数据通过线性模型的算法进行建模，并可视化观察其模型。代码如下：

```
from sklearn.datasets import make_regression
from sklearn.linear_model import LinearRegression
import numpy as np
import matplotlib.pyplot as plt
X,y = make_regression(n_samples=50,n_features=1,noise=4,
random_state=0)
reg = LinearRegression()
reg.fit(X,y)
Z = np.linspace(-5,5,300).reshape(-1,1)
plt.scatter(X,y,c='r',s=100)
plt.plot(Z,reg.predict(Z),c='k')
plt.show()
```

输出结果如图 4-1 所示。

通过模型可以看出满足上述只有一个特征条件的公式。在一次函数 $y=\omega x+b$ 中，自变量前面的 ω 代表斜率，b 代表截距，它们在线性模型中同样适用。

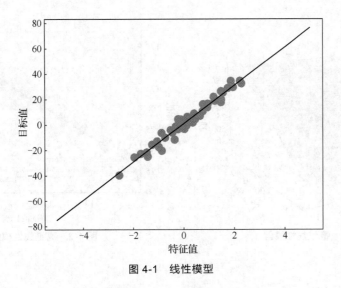

图 4-1 线性模型

　　线性模型并不是只有一次函数这样的模型，当数据含有两个特征时，即模型含有两个变量时，代码如下：

```
import numpy as np
from mpl_toolkits.mplot3d import Axes3D
import matplotlib.pyplot as plt
from sklearn.linear_model import LinearRegression
#生成 x、y 的定义域
x, y = np.meshgrid(np.linspace(0, 10, 10), np.linspace(0, 50, 10))
#z 的函数
z = 2 * x + 3 * y + np.random.randint(0, 20, (10, 10))
#构建成特征值的形式
X, Z = np.column_stack((x.flatten(), y.flatten())), z.flatten()
reg = LinearRegression()
reg.fit(X, Z)

#平面的系数、截距
a, b = reg.coef_, reg.intercept_

fig = plt.figure()
#采用 3D 画图
ax = fig.gca(projection='3d')
ax.scatter(x, y, z)
#画出拟合的平面
ax.plot_wireframe(x, y, reg.predict(X).reshape(10, 10))
ax.plot_surface(x, y, reg.predict(X).reshape(10, 10), alpha=0.3)
plt.show()
```

　　从图 4-2 和图 4-3 中可以看到，线性模型是一个平面。对于构建线性模型，当数据只有一个特征时，构建的模型是一条线；当数据有两个特征时，构建的模型是一个平面；当数据特征数多于两个时，构建的模型是一个超平面。这是所有线性模型的特点。线性模型中，大多数算法都由线性回归改进而来，那线性回归是如何实现的呢？相关内容见 4.1.2 小节。

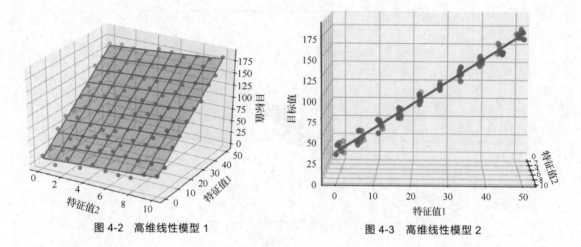

图 4-2　高维线性模型 1　　　　　　图 4-3　高维线性模型 2

4.1.2　线性回归

线性回归又被称为最小二乘法。在线性回归中，特征值与目标值之间存在着线性关系。线性回归算法指的是在认为数据满足线性关系的时候，根据训练数据构建出一个模型，并用此模型进行预测。

线性回归算法的目的是求线性回归方程，寻找参数 w 和 b，使对训练集的预测值与真实的回归目标值 y 之间的损失函数值最小。线性回归模型的损失函数一般有两种：绝对损失函数和平方损失函数。

绝对损失函数，即：

$$l = \left| y - \hat{y} \right|$$

平方损失函数，即：

$$l = \left(y - \hat{y} \right)^2$$

由于平方误差利于算法的运算，通常将平方损失函数作为线性回归模型的损失函数，线性回归模型求解就是为了使损失函数值最小。

上面提到线性回归方程中的 w 和 b 对应数学函数中的斜率和截距，在线性回归算法中有两个参数 coef_ 和 intercept_，分别用来存储回归模型的系数和截距。在线性回归算法中，因为没有参数，所以不用调节。

下面利用线性回归对乳腺癌数据集进行建模，代码如下：

```
from sklearn.datasets import load_breast_cancer
from sklearn.model_selection import train_test_split
from sklearn.linear_model import LinearRegression
canner = load_breast_cancer()
X_train,X_test,y_train,y_test = train_test_split(canner.data,canner.target,
random_state=2)
reg = LinearRegression()
reg.fit(X_train,y_train)
score = reg.score(X_test,y_test)
print("系数矩阵{}".format(reg.coef_))
print("线性回归模型:{}".format(reg.intercept_))
print("score={}".format(score))
#输出结果
```

```
系数矩阵[ 1.38896882e-01 -8.49211231e-03 -9.38159281e-04 -8.81947739e-04
 -2.05933306e+00  7.64479811e+00 -2.69801420e+00 -3.13346128e+00
 -6.22312043e-01 -5.40372465e+00 -3.00848058e-01 -9.65966608e-03
  5.38807832e-02  8.56332123e-05 -1.34673509e+01 -1.29805202e-01
  3.99025746e+00 -1.00623042e+01 -3.76158099e+00 -1.01879557e+00
 -2.26757985e-01 -2.92439318e-03 -3.84875480e-03  1.42799434e-03
 -9.09296834e-01 -1.06881149e+00 -1.00706915e-01  3.76259926e-01
 -2.32821143e-01 -3.75178396e-01]
线性回归模型:4.137003573395407
score=0.7146729691229157
```

可以看到，线性回归模型的评分达到了约 0.715，而且给出了其模型的系数和截距。线性模型在线性可分的情况下表现得非常出色，但在线性不可分的情况下，线性模型会束手无策，例如对于以下数据：

```python
import numpy as np
import matplotlib.pyplot as plt
from sklearn.preprocessing import PolynomialFeatures
from sklearn.linear_model import LinearRegression

#生成原始数据
X = np.array([1, 3, 5, 7, 9, 11, 13, 15, 17, 19, 21])
#重塑数据，使其变为二维数据
X = X.reshape(-1,1)
y = np.array([80, 64, 52, 36, 59, 24, 66, 79, 72, 89, 100])
plt.scatter(X, y)
plt.show()
```

输出结果如图 4-4 所示。

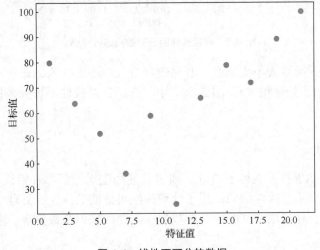

图 4-4　线性不可分的数据

从数据中可以看出，其模型应该是一个二次函数，接下来利用线性回归对数据进行建模。代码如下：

```python
import numpy as np
import matplotlib.pyplot as plt
from sklearn.linear_model import LinearRegression
X = np.array([1, 3, 5, 7, 9, 11, 13, 15, 17, 19, 21])
X=X.reshape(-1,1)
```

```
y = np.array([80, 64, 52, 36, 59, 24, 66, 79, 72, 89, 100])
plt.scatter(X, y)
plt.show()
liner = LinearRegression()
liner.fit(X, y)
# 预测结果展示
# 生成待预测的数据
y_predict = liner.predict(X)
# 预测数据
plt.scatter(X, y)
plt.plot(X, y_predict, c="r")
plt.show()
```

输出结果如图 4-5 所示。

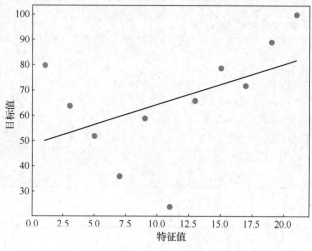

图 4-5   利用线性回归对数据进行建模

可以看到模型的效果令人不太满意。既然数据是线性不可分的,即利用线性回归无法对其进行划分,那么应该怎么处理呢? 在 4.1.3 小节中将介绍针对线性不可分数据的处理方法——多项式回归。

4.1.3   多项式回归

在分类算法中,如果数据线性不可分,则可以使用逻辑回归添加特征,或者选择核 SVM处理数据。在线性模型中,线性回归适用于处理线性可分的数据,当处理非线性可分的数据时可以使用多项式回归。在多项式回归中,要找到一条曲线来拟合数据点。多项式回归算法可用下式表示:

$$Y = ax + bx^2 + \cdots + nx^n$$

因为 sklearn 库包含多项式回归算法,所以通过调用该库可以直接使用这些算法,代码如下:

```
import numpy as np
import matplotlib.pyplot as plt
from sklearn.preprocessing import PolynomialFeatures
from sklearn.linear_model import LinearRegression

#生成原始数据
```

```
X = np.array([1, 3, 5, 7, 9, 11, 13, 15, 17, 19, 21])
#重塑数据，使其变为二维数据
X = X.reshape(-1,1)
y = np.array([80, 64, 52, 36, 59, 24, 66, 79, 72, 89, 100])
plt.scatter(X, y)
plt.show()
#多项式特征转换
poly = PolynomialFeatures(degree=2)
X1 = poly.fit_transform(X)


#下面与线性回归的步骤相同，建立模型，开始训练
liner = LinearRegression()
liner.fit(X1, y)
#预测结果展示
#生成待预测的数据
y_predict = liner.predict(X1)
#预测数据
plt.scatter(X, y)
plt.plot(X, y_predict, c="r")
plt.show()
```

输出结果如图 4-6 所示。

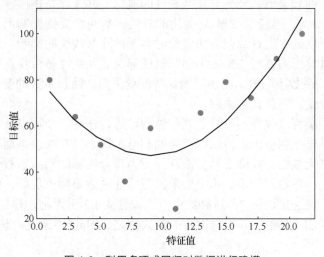

图 4-6　利用多项式回归对数据进行建模

从图 4-6 中可以看到多项式回归对数据拟合得比较完美。

4.1.4　算法的优缺点

1. 线性回归

（1）优点

① 线性回归在分析多因素模型时，建模速度快，不需要很复杂的计算过程，在数据量大的情况下运行速度依然很快，更加简单和方便。

② 线性回归可以准确地计量各个因素之间的相关程度与回归拟合程度的高低，优化预测线性回归方程的效果。

③ 线性回归可以根据系数给出每个变量的解释。

（2）缺点

① 线性回归方程只是一种推测方程，这影响了因子的多样性和某些因子的不可测性，使得线性回归分析在某些情况下受到限制。

② 线性回归对异常值很敏感。

2. 多项式回归

（1）优点

① 多项式回归能够拟合非线性可分的数据，更加灵活地处理复杂的关系。

② 因为需要设置变量的指数，所以多项式回归是完全控制要素变量的建模算法。

（2）缺点

① 多项式回归需要一些数据的先验知识才能选择最佳指数。

② 如果指数选择不当，多项式回归容易出现过拟合。

4.2 岭回归

4.2.1 算法介绍

讲解岭（ridge）回归之前，要先介绍共线性的概念。共线性是指假设一个数据集有两个特征变量，分别为 X_1 和 X_2，当特征变量 X_1 变化的时候，X_2 也会受到影响而发生变化，最终影响回归模型的建立。所以，在进行回归算法模拟时需要排除共线性的影响。这个问题通过线性回归难以解决，而通过岭回归或者 LASSO 回归就能解决。共线性是否存在可以通过以下方式判断：特征变量的回归系数不明显，添加或删除特征变量后，回归系数的变化明显。对于共线性问题本小节只简单介绍，不做详细讲解。

线性回归除了不能解决线性不可分、共线性问题外，还有一个缺点就是容易产生过拟合，所以在线性回归的基础上创造出了岭回归。岭回归是由最小二乘法改进而来，虽然利用了最小二乘法，但放弃了其无偏性，以降低精度来获得更为符合实际的回归系数的回归方法，这种方法要强于最小二乘法。在岭回归中，不但要求模型特征系数 ω 要表现好，而且会添加约束，尽量减小特征的系数，使之接近于 0。这种约束方式被称为 L2 正则化，其目的是避免过拟合。

在岭回归中还添加了参数，其中最重要的参数莫过于 alpha，通过调整 alpha 的值可以调整特征系数的大小。

```
def __init__(self, alpha=1.0, fit_intercept=True, normalize=False,
             copy_X=True, max_iter=None, tol=1e-3, solver="auto",
             random_state=None):
```

4.2.2 算法实现

在本例中，为了方便与线性回归对比，使用线性回归中用过的乳腺癌数据集。代码如下：

```
from sklearn.datasets import load_breast_cancer
from sklearn.model_selection import train_test_split
from sklearn.linear_model import LinearRegression
canner = load_breast_cancer()
X_train,X_test,y_train,y_test = train_test_split(canner.data,canner.target,
random_state=2)
```

```
reg = LinearRegression()
reg.fit(X_train,y_train)
train_score = reg.score(X_train,y_train)
test_score = reg.score(X_test,y_test)
print("系数矩阵{}".format(reg.coef_))
print("线性回归模型:{}".format(reg.intercept_))
print("train_score={}".format(train_score))
print("test_score={}".format(test_score))
```

输出结果:

```
系数矩阵[ 1.38896882e-01 -8.49211231e-03 -9.38159281e-04 -8.81947739e-04
 -2.05933306e+00  7.64479811e+00 -2.69801420e+00 -3.13346128e+00
 -6.22312043e-01 -5.40372465e+00 -3.00848058e-01 -9.65966608e-03
  5.38807832e-02  8.56332123e-05 -1.34673509e+01 -1.29805202e-01
  3.99025746e+00 -1.00623042e+01 -3.76158099e+00 -1.01879557e+00
 -2.26757985e-01 -2.92439318e-03 -3.84875480e-03  1.42799434e-03
 -9.09296834e-01 -1.06881149e+00 -1.00706915e-01  3.76259926e-01
 -2.32821143e-01 -3.75178396e-01]
线性回归模型:4.137003573395407
train_score=0.7816413146111393
test_score=0.7146729691229157
```

线性回归中, 模型在训练集上的评分达到了约 78.2%, 在测试集上的评分达到了约 71.5%, 下面利用岭回归对数据进行处理。

```
from sklearn.datasets import load_breast_cancer
from sklearn.model_selection import train_test_split
from sklearn.linear_model import Ridge
canner = load_breast_cancer()
X_train,X_test,y_train,y_test = train_test_split(canner.data,canner.target,
random_state=2)
reg = Ridge()
reg.fit(X_train,y_train)
train_score = reg.score(X_train,y_train)
test_score = reg.score(X_test,y_test)
print("系数矩阵{}".format(reg.coef_))
print("岭回归模型:{}".format(reg.intercept_))
print("train_score={}".format(train_score))
print("test_score={}".format(test_score))
```

输出结果:

```
系数矩阵[ 1.83832503e-01 -3.65886919e-03  6.55324754e-03 -1.64972985e-03
 -1.54832588e-01  4.28618250e-02 -3.07121352e-01 -2.50597732e-01
 -1.40710249e-01 -1.30857587e-02 -2.48742854e-01 -6.83010054e-02
  2.43609262e-02  2.96034251e-04 -5.60670452e-02  6.94116864e-02
  1.22967957e-01 -2.40433274e-02 -3.04755994e-02  1.61745446e-03
 -2.85840147e-01 -5.62311018e-03 -6.21602695e-04  1.65863345e-03
 -4.19717370e-01 -1.31982753e-01 -2.67716785e-01 -3.49658798e-01
 -3.04215490e-01 -7.95723397e-02]
岭回归模型:2.4818017339983607
train_score=0.7460018122031092
test_score=0.7269748024663352
```

从岭回归得到的精度可以发现，训练集的精度有所下降，而测试集的精度却提高了，这说明了我们的猜想是正确的，线性回归确实存在过拟合问题。

因为还未对岭回归的参数进行调整，可能还存在更好的模型，所以接下来对岭回归的 alpha 参数进行调整。

```
from sklearn.datasets import load_breast_cancer
from sklearn.model_selection import train_test_split
from sklearn.linear_model import Ridge
canner = load_breast_cancer()
X_train,X_test,y_train,y_test = train_test_split(canner.data,canner.target,
random_state=2)
reg = Ridge(alpha=0.1)
reg.fit(X_train,y_train)
train_score = reg.score(X_train,y_train)
test_score = reg.score(X_test,y_test)
print("系数矩阵{}".format(reg.coef_))
print("线性回归模型:{}".format(reg.intercept_))
print("train_score={}".format(train_score))
print("test_score={}".format(test_score))
```

输出结果：

```
系数矩阵[ 8.82111680e-03 -9.56153803e-03  2.35919745e-02 -1.25114848e-03
 -5.47289156e-01  1.13534824e+00 -1.12003362e+00 -9.64925770e-01
 -1.24885032e-01  3.15521188e-02 -5.95181293e-01 -6.76080876e-02
  3.97114325e-02  9.16907067e-04 -3.09407482e-01  2.05282507e-01
  9.48164348e-01 -1.12704125e-01 -1.66094312e-01 -1.06126109e-02
 -2.12635098e-01 -7.06859895e-04 -4.32997437e-03  1.40072320e-03
 -1.31289669e+00 -2.39517908e-01 -1.43160742e-01 -9.56720774e-01
 -6.04217001e-01 -4.16760258e-01]
线性回归模型:2.7018094788654583
train_score=0.7639091915238979
test_score=0.7356317574432935
```

通过对 alpha 参数的调整，发现模型在测试集上的精度又稍有提高。那么 alpha 的改变到底改变了什么呢？又是如何改变的呢？下面通过可视化观察岭回归对特征的处理。

```
from sklearn.datasets import load_breast_cancer
from sklearn.model_selection import train_test_split
import matplotlib.pyplot as plt
from sklearn.linear_model import LinearRegression
from sklearn.linear_model import Ridge
canner = load_breast_cancer()
X_train,X_test,y_train,y_test = train_test_split(canner.data,canner.target,
random_state=2)
lr = LinearRegression().fit(X_train,y_train)
r1 = Ridge().fit(X_train,y_train)
r01 = Ridge(alpha=0.1).fit(X_train,y_train)
plt.plot(lr.coef_,'o',label = 'linear regression')
plt.plot(r1.coef_,'^',label = 'ridge alpha=1')
plt.plot(r01.coef_,'v',label = 'ridge alpha=0.1')
plt.xlabel("coefficient index")
plt.ylabel("coefficient magnitude")
plt.hlines(0,0,len(lr.coef_))
```

```
plt.legend()
plt.show()
```

输出结果如图 4-7 所示。

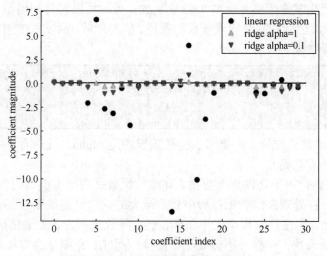

图 4-7 岭回归对特征的处理

从图 4-7 中可以看到，线性模型没有经过正则化的处理，特征系数的数值都比较大，而岭回归中的系数接近于 0。当岭回归的 alpha 值为 1 时，特征系数几乎和 0 在一条线上；当 alpha值为 0.1 时，特征系数有所增大。对于 alpha 值，当 alpha 值增大时，数据集的特征系数会减小，从而降低训练集的性能，但是会提升测试集的性能，也就是泛化性能；当 alpha 值减小时，特征系数则会增大；当 alpha 值非常小时，则会消除正则化，岭回归建立的模型也会趋向于线性回归。

4.2.3 算法的优缺点

1. 优点

（1）岭回归可以解决特征数比样本数多的问题。

（2）岭回归作为一种缩减算法，可以判断哪些特征重要，哪些特征不重要，实现类似降维的效果。

（3）岭回归可以解决变量间存在的共线性问题。

2. 缺点

（1）岭回归不能降低样本特征数，计算量大。

（2）岭回归牺牲了一定的精度。

4.3 LASSO 回归

4.3.1 算法介绍

与岭回归相似，套索（LASSO）回归也用于限制数据的特征系数，防止过拟合发生。不同的是，LASSO 回归中用绝对值偏差作为算法的正则化项，即在 LASSO 回归中，会使某些特征系数恰好为 0。LASSO 回归处理后，某些特征被完全忽略，从而只研究重要特征对数据的影响，这被称为 L1 正则化。

LASSO 的基本思想是在回归系数的绝对值之和小于一个常数的约束条件下，使残差平方和最小化，从而能够产生某些严格等于 0 的特征系数，得到可以解释的模型。将 LASSO 应用于回归分析，可以在参数估计的同时实现变量的选择，较好地解决回归分析中的多重共线性问题，并且能够很好地解释结果。

```
def __init__(self, alpha=1.0, fit_intercept=True, normalize=False,
             precompute=False, copy_X=True, max_iter=1000,
             tol=1e-4, warm_start=False, positive=False,
             random_state=None, selection='cyclic'):
```

LASSO 回归的参数也与岭回归类似，比较重要的是 alpha。既然有了一种正则化的方式，为什么还要有另一种方式呢？

这是因为 L1 正则化用于处理高维数据（高维数据就是指维度很高的数据），也就是说特征变量十分多的情况。在处理高维数据过程中碰到最大的问题就是维度过高，因为维度越高计算量越大，无法可视化，无法观察模型工作原理，还会导致过拟合，无法精确预测结果。L2 正则化会保留特征来降低系数，这样并不会减小计算量，而 L1 正则化会直接删掉一些特征系数。因此 L1 正则化在高维数据集中的优势尤其明显。

在机器学习中有一种方式专门应对高维数据，就是特征降维。降维就是将原来的数据进行整合，使其特征变少，而且整合的数据中包含了大量互不相关的数据。进行特征降维最主要的方法就是主成分分析（principal component analysis，PCA）算法，第 6 章会讲解。但是，PCA 算法只适用于高维但特征量小于数据量的情况，当特征量大于数据量时无法运用。高维数据在空间中分布得非常稀疏，与空间的维度相比其数据量显得非常少。最小角回归法就是解决高维数据特征维度 n 远高于数据量 m 的方法。如果数据集的特征变量比较多，LASSO 回归是很好的选择。LASSO 是另外一种对数据进行降维的方法，此方法不仅适用于线性模型，还适用于非线性模型。

4.3.2 算法实现

在 LASSO 回归中，仍使用线性回归和岭回归中使用的乳腺癌数据集，因为 LASSO 回归与岭回归十分相似，下面先与岭回归进行对比分析。代码如下：

```
from sklearn.datasets import load_breast_cancer
from sklearn.model_selection import train_test_split
from sklearn.linear_model import Lasso
canner = load_breast_cancer()
X_train,X_test,y_train,y_test = train_test_split(canner.data,canner.target,
random_state=2)
reg = Lasso()
reg.fit(X_train,y_train)
train_score = reg.score(X_train,y_train)
test_score = reg.score(X_test,y_test)
print("系数矩阵{}".format(reg.coef_))
print("LASSO 回归模型:{}".format(reg.intercept_))
print("train_score={}".format(train_score))
print("test_score={}".format(test_score))
```

输出结果：

```
系数矩阵[-0.          -0.          -0.           0.          -0.              -0.
 -0.          -0.          -0.          -0.          -0.          -0.
 -0.           0.00064003 -0.          -0.          -0.          -0.
 -0.          -0.          -0.          -0.          -0.          -0.0007033
 -0.          -0.          -0.          -0.          -0.          -0.         ]
LASSO 回归模型:1.2144057443961143
train_score=0.5565665334179948
test_score=0.49391989335972125
```

经过 LASSO 回归处理后，系数矩阵中元素几乎全为 0，可以看到此时建立的模型非常差，可能存在欠拟合问题。下面通过调节 alpha 参数，观察是否能提高评分。

```
from sklearn.datasets import load_breast_cancer
from sklearn.model_selection import train_test_split
from sklearn.linear_model import Lasso
canner = load_breast_cancer()
X_train,X_test,y_train,y_test = train_test_split(canner.data,canner.target,
random_state=2)
reg = Lasso(alpha=0.001)
reg.fit(X_train,y_train)
train_score = reg.score(X_train,y_train)
test_score = reg.score(X_test,y_test)
print("系数矩阵{}".format(reg.coef_))
print("LASSO 回归模型:{}".format(reg.intercept_))
print("train_score={}".format(train_score))
print("test_score={}".format(test_score))
```

输出结果：

```
系数矩阵[ 0.17232486 -0.          -0.00316336  -0.00108133  -0.          -0.
 -0.          -0.          -0.          -0.          -0.20326266 -0.04316891
 -0.           0.00071796 -0.           0.           0.          -0.
 -0.          -0.          -0.25196991 -0.00815725  0.00216147  0.0013033
 -0.08220387 -0.          -0.37715821 -0.55293645 -0.34844713 -0.         ]
LASSO 回归模型:2.504475675822798
train_score=0.7395783530858191
test_score=0.7328868461061427
```

通过调节参数，精度得到了提高，这说明了此数据集中大多数特征都比较重要，LASSO 回归不适用于此数据集，所以模型精度没有前面两种算法构建的模型精度高。

当继续减小 alpha 值时会消除正则化。

```
from sklearn.datasets import load_breast_cancer
from sklearn.model_selection import train_test_split
from sklearn.linear_model import Lasso
canner = load_breast_cancer()
X_train,X_test,y_train,y_test = train_test_split(canner.data,canner.target,
random_state=2)
reg = Lasso(alpha=0.0001)
reg.fit(X_train,y_train)
train_score = reg.score(X_train,y_train)
test_score = reg.score(X_test,y_test)
```

```
print("系数矩阵{}".format(reg.coef_))
print("LASSO 回归模型:{}".format(reg.intercept_))
print("train_score={}".format(train_score))
print("test_score={}".format(test_score))
```

输出结果:

```
系数矩阵[ 4.29426153e-02 -1.25179372e-02  5.01886741e-03 -3.71333484e-04
 -0.00000000e+00  3.84622789e+00 -1.74759673e+00 -2.74717883e+00
 -0.00000000e+00 -0.00000000e+00 -6.13696771e-01 -6.10853487e-02
  9.62507842e-03  2.00267214e-03 -0.00000000e+00 -0.00000000e+00
  1.12141351e+00 -0.00000000e+00 -0.00000000e+00 -0.00000000e+00
 -1.69710180e-01  2.02325837e-03  7.52101159e-04  9.55185732e-04
 -2.91426454e+00 -8.13414125e-01  0.00000000e+00 -3.99444424e-01
 -7.29232863e-01 -0.00000000e+00]
LASSO 回归模型:2.867710563845912
train_score=0.7732511427334838
test_score=0.7292819926046483
```

可以看到,得到的模型与利用线性回归得到的模型类似,从训练集精度与测试集精度来看,可能又出现了过拟合问题。

接下来可视化 LASSO 回归与岭回归的特征系数。

```
from sklearn.datasets import load_breast_cancer
from sklearn.model_selection import train_test_split
import matplotlib.pyplot as plt
from sklearn.linear_model import Lasso
from sklearn.linear_model import Ridge
canner = load_breast_cancer()
X_train,X_test,y_train,y_test = train_test_split(canner.data,canner.target,
random_state=2)
r1 = Ridge(alpha=0.1).fit(X_train,y_train)
l1 = Lasso().fit(X_train,y_train)
l01 = Lasso(alpha=0.01).fit(X_train,y_train)
l001 = Lasso(alpha=0.00001).fit(X_train,y_train)
plt.plot(l1.coef_,'o',label = 'lasso alpha=1')
plt.plot(l01.coef_,'^',label = 'lasso alpha=0.01')
plt.plot(l001.coef_,'v',label = 'lasso alpha=0.00001')
plt.plot(r1.coef_,'.',label = "ridge alpha=0.1")
plt.xlabel("coefficient index")
plt.ylabel("coefficient magnitude")
plt.legend()
plt.show()
```

输出结果如图 4-8 所示。

通过图 4-8 中的数据可以看到,当 LASSO 回归的 alpha 值较大时,数据集的特征系数几乎全为 0,随着 alpha 值的减小,特征系数才逐渐增大,当 alpha 等于 0.00001 时,几乎没有了正则化的约束;而在岭回归中,虽然有特征系数很小的点,但特征系数都不为 0。在 LASSO 回归和岭回归中,虽然都有 alpha 参数,但其意义完全不同。在岭回归中,随着 alpha 值的增大,数据集的特征系数会减小,随着 alpha 值的减小,数据集的特征系数会增大;而在 LASSO 回归中,随着 alpha 值的增大,特征系数会增大,随着 alpha 值的减小,特征系数会减小。而且在岭回归中,特征系数不会为 0,在 LASSO 回归中会。

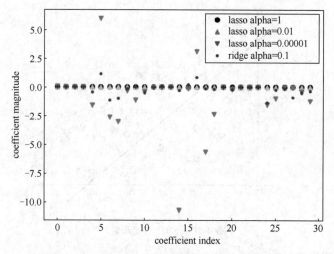

图 4-8　LASSO 回归与岭回归对特征进行处理的对比

4.3.3　算法的优缺点

1. 优点

（1）LASSO 回归的出现能够有效解决线性回归中出现的过拟合问题。

（2）岭回归与 LASSO 回归最大的区别在于岭回归引入的是 L2 正则化，LASSO 回归引入的是 L1 正则化。LASSO 回归能够使许多特征变量变成 0，使运算速度变快，这点要优于岭回归。

2. 缺点

LASSO 回归不适用于一般情况，仅适用于特征非常多和对模型进行解释的情况。

4.4　支持向量回归

4.4.1　算法介绍

在分类算法中介绍了 SVM 算法，SVM 本身是针对二分类问题提出的，而支持向量回归（support vector regression，SVR）是 SVM 用来解决回归问题的一个分支。SVM 在分类和回归上应用的区别在于，其用于回归问题时不用像用于分类问题一样将各类样本点分开，因此在超平面的选取上存在差异。SVM 就是找到一个平面，让两个分类集合的支持向量离分类平面最远，使得所有的数据都远离这个分类平面，如图 4-9 所示。

而 SVR 就是找到一个回归平面，让一个集合的所有数据到该平面的距离最近。如图 4-10 所示。

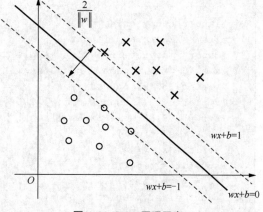

图 4-9　SVM 原理示意

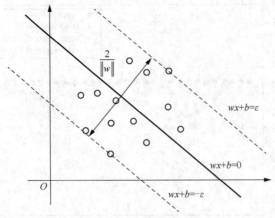

图 4-10 SVR 原理示意

下面分析 SVR 的参数：

```
def __init__(self, kernel='rbf', degree=3, gamma='auto_deprecated',
             coef0=0.0, tol=1e-3, C=1.0, epsilon=0.1, shrinking=True,
             cache_size=200, verbose=False, max_iter=-1):
```

SVR 的参数与 SVC 基本相同，所以不再多做介绍。

非线性 SVR 与非线性 SVC 一样，将低维空间的数据映射到高维空间，然后在高维空间中找到线性可分的超平面，再把高维空间的超平面映射回低维空间。然而，将低维空间的数据映射到高维空间，并在高维空间做计算，其计算量特别大。

利用 SVR 的核函数可以解决这个问题，用核函数代替线性方程中的线性项可以使原来的线性算法非线性化，即能做非线性回归。此时引进核函数达到了升维的目的，也可以有效地控制过拟合问题的发生。通俗地讲，应用核函数表示在低维空间中就对数据做了计算，这个计算可以看作将低维空间的数据映射到高维空间所做的计算。

4.4.2 算法实现

下面随机生成一个 log() 函数，观察使用不同核时模型的构建。代码如下：

```python
import time
import numpy as np
from sklearn.svm import SVR
import matplotlib.pyplot as plt
x = 10 * np.random.RandomState(3).rand(100, 1)
y = np.log(x)+np.cos(x)
x_plot = np.linspace(0, 10, 100).reshape(-1,1)
svr = SVR(kernel='linear')
t0 = time.time()
svr.fit(x, y)
svr_fit = time.time() - t0
t0 = time.time()
y_svr = svr.predict(x_plot)
svr_predict = time.time() - t0
plt.scatter(x, y, c='b')
plt.plot(x_plot, y_svr, c='r',label='SVR (fit: %.3fs, predict: %.3fs)' %
(svr_fit, svr_predict))
plt.xlabel('x')
```

```
    plt.ylabel('y')
    plt.title('SVR Kernel linear')
    plt.show()
```

输出结果如图 4-11 所示。

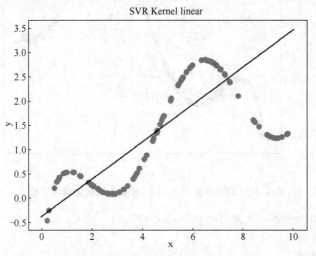

图 4-11 SVR（线性核）对数据集的划分

从图 4-11 中可以看出，线性核只能处理线性问题，也就是说线性核只能建立一个线性超平面。对于 SVM 在分类中的效果，可以利用高斯核（rbf 核）。代码如下：

```
    svr = SVR(kernel='rbf')
```

输出结果如图 4-12 所示。

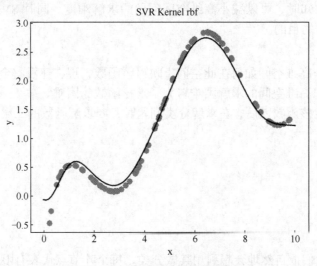

图 4-12 SVR（rbf 核）对数据集的划分

从图 4-12 中可以看到相对于线性核，rbf 核处理非线性问题的效果非常不错，但还稍有欠缺，可以通过调节其他参数来实现。通过对各个参数的调节，发现以下情况时建立的模型的效果不错，代码如下：

```
    svr = SVR(kernel='rbf',gamma=0.1,C=100)
```

输出结果如图 4-13 所示。

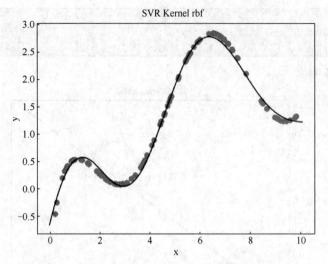

图 4-13　调节参数后 SVR（rbf 核）对数据集的划分

是否存在更好的模型呢？读者可以动手操作试一试。

4.4.3　算法的优缺点

1. 优点

（1）SVR 相对于处理非线性问题的多项式回归，可以直接用核函数，避开高维空间的复杂性。

（2）SVR 再利用在线性可分的情况下的求解方法直接求解对应的高维空间的决策问题。

（3）当核函数已知时，可以减小高维空间问题的求解难度。同时 SVR 基于小样本统计理论，这符合机器学习的目的。

2. 缺点

（1）SVR 对每个高维空间如何在此空间上映射核函数，现在还没有合适的方法。

（2）SVR 只是把高维空间的求解困难转为了求核函数的困难。

（3）SVR 在确定核函数以后，在求解分类问题时，要求解函数的二次规划，这就需要大量的存储空间。

4.5　回归树

4.5.1　算法介绍

说到决策树，我们很自然地会想到用其做分类，每个叶节点代表有限类别中的一个。第 3 章对决策树算法做了详细讲解。对于决策树解决回归问题方法，即回归树，虽然是决策树在回归问题上的应用，但是与分类树存在着差异。

与分类树不同，回归树做的是回归，是对值的回归预测。例如，可以通过回归树预测房价，或者预测未来一天的温度等，回归树输出的是连续值，而不是离散的分类类别。对于解决回归问题的方法，我们第一时间想到的可能就是线性回归，当线性回归效果不好的时候，可以使用多项式回归或者是 SVR。但回归树也很重要，那回归树到底是什么呢？

回归树是可以用于回归的决策树模型，利用超平面对空间进行划分，一个回归树对应着空间的一个划分以及在划分上的输出值，回归树选择特征和它的取值将输入空间划分为两部分，每次划分都将当前的空间一分为二，这样使得每一个叶节点都分布在空间中的一个不相交的区域。在进行决策的时候，会根据样本的特征值一步步划分各区域，最后使样本落入回归树划分的区域中的一个。既然是回归树，那么必然会存在以下两个核心问题：如何选择划分点？如何决定叶节点的输出值？

实际上，回归树总体流程类似于分类树，与分类树不同的是，分类树采用信息论中的方法，通过计算选择最佳划分点。而在回归树中，对输入空间的划分采用一种启发式的方法，会遍历所有输入特征，即在进行回归树的分枝时穷举每一个特征的每一个阈值，找到最优划分特征和最优划分点，衡量的方法是最小化平方误差。分枝直至达到预设的终止条件（如叶节点的个数达到上限），那么回归树就构建完成了。接下来分析回归树的参数：

```
def __init__(self,
             criterion="mse",
             splitter="best",
             max_depth=None,
             min_samples_split=2,
             min_samples_leaf=1,
             min_weight_fraction_leaf=0.,
             max_features=None,
             random_state=None,
             max_leaf_nodes=None,
             min_impurity_decrease=0.,
             min_impurity_split=None,
             presort=False):
```

在分类问题中知道决策树算法包括 ID3、C4.5 和 CART 等算法，这 3 种算法的区别就在于划分子节点的策略不同，分别是信息熵、信息增益率、基尼系数，而在回归问题中，回归树中参数 criterion 的默认值并不是信息熵、信息增益率或者基尼系数。因为在回归树中 criterion 的值为 mse 或者 mae，在这种情况下，分类问题中的 ID3、C4.5、CART 之间的区别就没有了，只存在每个父节点应被划分成多少个子节点的问题。

那么既然算法划分节点的策略没有什么不同，是不是上述决策树中所有的算法都能用于回归问题呢？其中 CART 就可以用于回归问题，因为 CART 算法的名称就是“分类和回归树”。至于 ID3 和 C4.5 能不能用于回归问题，答案是不能，主要原因是特征的评价标准不一样。CART 有两种评价标准：方差和基尼系数。而 ID3 和 C4.5 的评价标准都是信息熵。信息熵和基尼系数是针对分类任务的指标，而方差是针对连续值的指标，因此 CART 可以用于回归问题。

实现 CART 算法的过程有两步：决策树生成和剪枝。回归问题的决策树生成，与通用的决策树生成的过程一样，采用递归的方式构建二叉决策树，基于训练数据集生成决策树，自上而下从根开始建立节点，划分节点，使得子节点中的训练集尽量被正确地划分。在每个节点处进行划分，对不同的问题使用不同的指标来划分。对于分类问题，可以使用基尼系数、双化或有序双化；对于回归问题，可以使用最小二乘偏差或最小绝对偏差。决策树剪枝是指用验证数据集对已生成的树进行剪枝并选择最优子树，这时将损失函数值最小作为剪枝的标准，用代价复杂度剪枝。

4.5.2 算法实现

SVR 最后给出的模型可能并不是最好的模型，接下来利用回归树看会不会得到更好的模型。代码如下：

```
import time
import numpy as np
from sklearn.tree import DecisionTreeRegressor
import matplotlib.pyplot as plt
x = 10 * np.random.RandomState(3).rand(100, 1)
y = np.log(x)+np.cos(x)
x_plot = np.linspace(0, 10, 100).reshape(-1,1)
svr = DecisionTreeRegressor()
t0 = time.time()
svr.fit(x, y)
svr_fit = time.time() - t0
t0 = time.time()
y_svr = svr.predict(x_plot)
svr_predict = time.time() - t0
plt.scatter(x, y, c='b')
plt.plot(x_plot, y_svr, c='r',label='SVR (fit: %.3fs, predict: %.3fs)' %
(svr_fit, svr_predict))
plt.xlabel('x')
plt.ylabel('y')
plt.title('Regression Tree')
plt.show()
```

输出结果如图 4-14 所示。

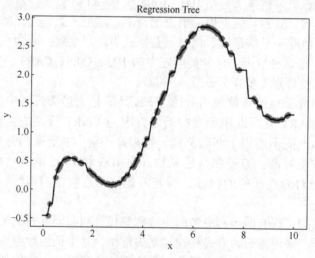

图 4-14　回归树对数据集的划分

图中 x 为特征值，y 为目标值。

从图 4-14 中可以看到，回归树的效果还没有 SVR 好，这也暴露了回归树的缺点，即它不适用于小型的数据集，接下来调整数据量：

```
X = 10 * np.random.RandomState(3).rand(1000, 1)
```

输出结果如图 4-15 所示。

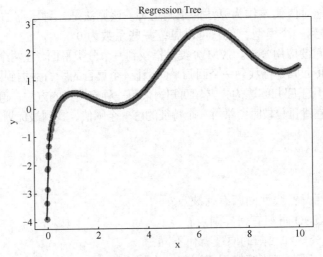

图 4-15　调整数据量后，回归树对数据集的划分

从图 4-15 中可以看到，划分基本处于完美拟合的状态，当然也可能存在过拟合问题。处理实际的问题时，单一的回归树肯定是不够用的。可以利用集成学习中的 Boosting 框架，对回归树进行改良和升级，得到的新模型就是提升树。

4.5.3　算法的优缺点

1. 优点

（1）回归树运行速度较快，结果可解释，并易于说明。

（2）回归树非常灵活，可以允许有部分错分样本，面对诸如存在缺失值的问题，它显得非常稳健。

（3）回归树能获取数据集中的非线性关系，了解数据集中的特征交互，不需要特征缩放就能在数据集中找到最重要的特征。

2. 缺点

（1）回归树对连续性的字段比较难预测；对有时间顺序的数据，需要做很多预处理的工作。

（2）回归树可能会出现过拟合问题，预测精度较低。

（3）回归树需要调整一些参数，不适用于小型数据集。

（4）在实践中很少使用回归树，而是更多地使用集合树。

4.6　小结

本章学习了监督学习算法中的回归算法，包括线性回归、岭回归、LASSO 回归、SVR、回归树等。

线性回归在数理统计中可用于回归分析，是用来确定变量间相互依赖的定量关系的一种统计分析方法。其中只有一个自变量的情况称为简单回归，含有多个自变量的情况称为多元回归。多项式回归模型是线性回归模型的一种，可以通过从系数构造多项式的特征来扩展。

岭回归是一种专用于共线性数据分析的有偏估计回归方法，实质上是一种改良的最小二乘估计法，通过放弃最小二乘法的无偏性，以损失部分信息、降低精度为代价，获得更为符合实际、更可靠的回归系数的回归方法。

　　LASSO 算法用绝对值偏差作为算法的正则化项。该算法是一种压缩估计算法，它通过构造一个惩罚函数 C，得到一个模型，使它可以压缩一些系数为 0。

　　SVR 是 SVM 的重要应用分支。SVM 分类是指找到一个分类平面，让两个分类集合的支持向量离分类平面最远。SVR 回归是指找到一个回归平面，让一个集合的所有数据到回归平面的距离最近。

　　回归树是决策树用于回归问题的分支。回归树采用一种启发式的方法，遍历所有输入特征，通过最小化平方误差，在进行分枝时穷举每一个特征的每一个阈值，找到最优划分特征和最优划分点。

习题 4

1. 什么是线性回归？线性回归有何缺点？
2. 岭回归与 LASSO 回归有何异同点？
3. SVM 应用于分类和回归的原理有何不同？
4. 是否决策树中所有算法都能用于回归？为什么？

第5章 聚类算法

在前文介绍的分类算法中，如果所有训练数据都有标签，则为有监督学习算法；如果数据没有标签，显然就是无监督学习算法了，即聚类算法。在监督学习中，分类算法的效果还是不错的，但相对来讲，聚类算法就有些"惨不忍睹"了。确实，无监督学习算法本身的特点使其难以得到如分类算法一样近乎完美的结果。在无监督学习算法中，我们基本不知道结果会是什么样子的，但可以通过聚类的方式从数据中提取一个特殊的结构，进行探究性研究，寻找各种方法。

那什么是聚类算法呢？聚类算法是在没有任何标签的情况下进行分类的算法，类似分类算法。那既然没有标签，算法如何工作呢？聚类算法根据功能可以分为基于划分的聚类算法、基于层次的聚类算法、基于密度的聚类算法、基于标签传播的聚类算法等，本章将对这几种算法进行讲解。

5.1 K 均值凝聚聚类

5.1.1 算法介绍

K 均值凝聚聚类又称 K-means，属于基于划分的聚类算法。基于划分的聚类算法对样本数据进行划分，每一个类别代表一个簇。其原理简单来说就是，假设具有一堆样本，这些样本都没有标签，现在需要进行聚类，想要达到的聚类效果就是类别之内的点都离得足够近，不同类别的点都离得非常远。首先要确定这堆散点最后聚成几类，然后挑选几个点作为初始中心点，再对数据点进行迭代重置，直到最后得到想要的目标效果。

根据上述被称为启发式的算法，形成了 K-means 算法及为了处理类似的问题所形成的算法 K-modes、K-medians、kernel K-means 等。基于划分的聚类算法中比较常用的就是 K-means。本节重点讲解 K-means 算法。

K-means 是聚类算法中最简单的，也是聚类算法中最实用的，平常使用次数也比较多。K-means 算法的"K"表示类别数，"means"表示均值。K-means 算法就是一种通过均值对数据进行分类的算法。算法的原理很简单，对于给定的数据，一般按照数据之间的欧氏距离分为 *K*

个聚类。让聚类间的距离相对比较小，而聚类与聚类之间的距离相对比较远，这就是高内聚、低耦合。代码如下：

```
def __init__(self, n_clusters=8, init='k-means++', n_init=10,
              max_iter=300, tol=1e-4, precompute_distances='auto',
              verbose=0, random_state=None, copy_x=True,
              n_jobs=None, algorithm='auto'):
```

在 K-means 中有两个参数比较重要：n_clusters 表示要生成的聚类数，默认值为 8；n_init 表示用不同的聚类中心初始化值运行算法的次数，最终解是在运行算法 n_init 次后选出的最优结果。K-means 算法的迭代过程如下：首先通过 n_clusters 选择 K 个聚类，直接生成 K 个中心点作为均值定量，或者随机选择 K 个均值定量，然后将其作为聚类中心点；对每个点确定其聚类中心点；再计算其新聚类中心点。重复以上步骤直到满足收敛要求（通常就是确定的中心点不再改变），如图 5-1 所示。

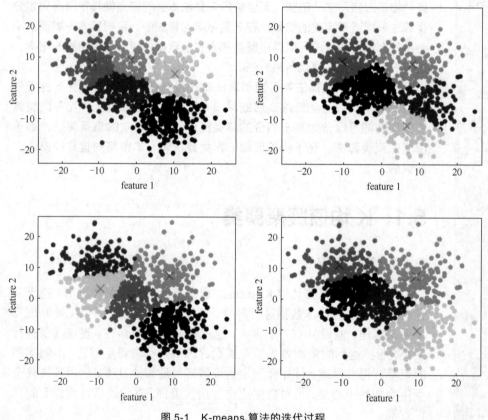

图 5-1　K-means 算法的迭代过程

看过 K-means 算法后，我们很容易将其与 KNN 算法搞混，因为它们都有一个相似的过程，就是都需要找到离某一个点最近的点，二者都采用了最近邻的思想。

其实它们的差别还是挺多的。K-means 算法是无监督学习的聚类算法，而 KNN 算法是监督学习的分类算法。KNN 算法基本不需要训练，只要从测试集里面根据距离度量公式找到 K 个点，用这 K 个点表示测试集的类别即可，而 K-means 算法有明显的训练过程，需要反复迭代找到 K 个类别的最佳中心来决定数据的类别。

5.1.2　算法实现

接下来利用 make_blobs 数据集生成 3 类数据，观察聚类效果。代码如下：

```
from sklearn.datasets import make_blobs
import matplotlib.pyplot as plt
blobs = make_blobs(random_state=7,centers=3)
X_blobs = blobs[0]
plt.scatter(X_blobs[:,0],X_blobs[:,1],c='r',edgecolors='k')
plt.show()
```

输出结果如图 5-2 所示。

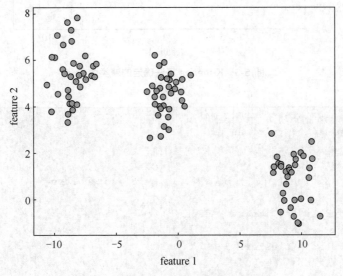

图 5-2　利用 make_blobs 生成 3 类数据

代码如下：

```
from sklearn.cluster import KMeans
kmeans = KMeans(n_clusters=3)
kmeans.fit(X_blobs)
y_kmeans = kmeans.predict(X_blobs)
plt.scatter(X_blobs[:, 0], X_blobs[:, 1], c=y_kmeans, s=50)
centers = kmeans.cluster_centers_
plt.scatter(centers[:, 0], centers[:, 1],marker='x',c='r', s=200, alpha=0.5)
plt.show()
```

输出结果如图 5-3 所示。

先设置 K 值为 3，然后随机从数据中找出 3 个点作为 3 个均值定量，再计算所有数据点到这 3 个点的距离，将数据分配到距离最近的一类，用不同的颜色表示数据所属的各类，经过第一轮的迭代后从各类中可以计算新的均值定量，然后计算每个数据点到各类的距离，并把数据点分到距离最近的类中，重复上述步骤，最终得到合适的均值定量来表示类别。当然在实际运用该算法时，一般要多次迭代才能得到理想的结果，在本数据集中仅迭代一次就得到了最终聚类的均值定量。对于 K-means 算法，还可以观察其决策边界。

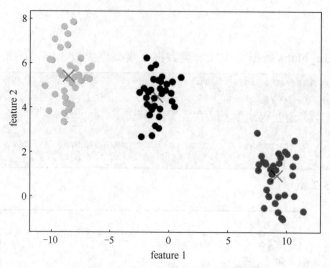

图 5-3   K-means 算法确定的聚类中心

```
from sklearn.datasets import make_blobs
import matplotlib.pyplot as plt
blobs = make_blobs(random_state=7,centers=3)
X_blobs = blobs[0]
plt.scatter(X_blobs[:,0],X_blobs[:,1],c='r',edgecolors='k')

from sklearn.cluster import KMeans
import numpy as np
kmeans = KMeans(n_clusters=3)
kmeans.fit(X_blobs)
X_min,X_max = X_blobs[:,0].min()-0.5,X_blobs[:,0].max()+0.5
y_min,y_max = X_blobs[:,1].min()-0.5,X_blobs[:,1].max()+0.5
xx,yy = np.meshgrid(np.arange(X_min,X_max,.02),np.arange(y_min,y_max,.02))
Z = kmeans.predict(np.c_[xx.ravel(),yy.ravel()])
Z = Z.reshape(xx.shape)
plt.figure(1)
plt.clf()
plt.imshow(Z,interpolation='nearest',extent=(xx.min(),xx.max(),yy.min(),yy.
max()),cmap=plt.cm.summer,aspect='auto',origin='lower')
plt.plot(X_blobs[:,0],X_blobs[:,1],'r.',markersize=5)
centroids = kmeans.cluster_centers_
plt.scatter(centroids[:,0],centroids[:,1],marker='x',s=150,linewidths=3,
color='b',zorder=10)
plt.xlim(X_min,X_max)
plt.ylim(y_min,y_max)
plt.xticks(())
plt.yticks(())
plt.show()
```

K-means 算法确定的决策边界如图 5-4 所示。

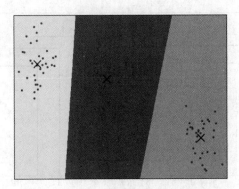

图 5-4　K-means 算法确定的决策边界

5.1.3　算法的优缺点

1. 优点

（1）K-means 原理简单、实现容易，是解决聚类问题的一种经典算法，具有可伸缩性，且效率高，当数据集较密集时，它的效果较好。

（2）K-means 算法的可解释性较强，需调整的参数只有聚类数 K。

2. 缺点

（1）K-means 必须事先给出 K 值，而且对初始值敏感，对于不同的初始值，可能会有不同的结果。

（2）K-means 对噪声和孤立点数据敏感。

（3）K-means 采用迭代方法，得到的结果只是局部最优结果。

5.2　层次聚类

5.1 节对基于划分的聚类算法——K-means 算法进行了讲解，本节将对基于层次的聚类算法进行讲解。

5.2.1　算法介绍

基于层次的聚类算法最开始将所有点都看成簇，簇与簇之间通过接近度实现划分，通过不同的接近度划分出不同的簇。层次聚类算法还可以根据层次分解的顺序分为凝聚的层次聚类算法和分裂的层次聚类算法。

凝聚的层次聚类是一种自底向上的策略，指许多基于相同原理构建的聚类算法，算法的原理如下：所谓凝聚的层次聚类是指让算法在一开始的时候，将每一个点作为一个簇，计算两两之间的最小距离，每一次迭代算法都将距离最小的两个簇合并成一个新簇，然后合并这些新簇为更大的簇，直到所有对象都在一个簇中，或者满足某个终止条件为止。

sklearn 中实现该算法需满足的终止条件是类的个数为指定个数，当剩下指定个数的类时，算法自动停止。绝大多数层次聚类属于凝聚的层次聚类，它们只在簇间相似度的定义上有所不同。凝聚的层次聚类算法的原理如图 5-5 所示。

分裂的层次聚类与凝聚的层次聚类相反，采用自顶向下的策略，它首先将所有对象置于同一个簇中，然后将其逐渐细分为越来越小的簇，直到每个对象自成一簇，或者满足了某个终止条件为止。该算法一般较少使用。

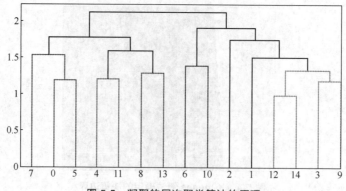

图 5-5　凝聚的层次聚类算法的原理

凝聚的层次聚类和分裂的层次聚类没有好坏之分，只不过在处理实际问题的时候要根据样本类型和目的来考虑是凝聚的层次聚类合适还是分裂的层次聚类合适。至于划分簇的方法，有最短距离法、最长距离法、类平均法等，其中类平均法通常被认为是最常用也最好用的方法。

接下来介绍凝聚的层次聚类算法在 sklearn 中的参数。sklearn 库下的层次聚类算法存储在 sklearn.cluster 的 AgglomerativeClustering 中。

```
def __init__(self, n_clusters=2, affinity="euclidean",
                 memory=None,
                 connectivity=None, compute_full_tree='auto',
                 linkage='ward', pooling_func='deprecated'):
```

这里的参数中重要的是 n_clusters 和 linkage。n_clusters 表示簇的个数，凝聚的层次聚类是不需要指定簇的个数的，但是 sklearn 的这个类需要指定簇的个数。算法会将簇的个数作为终止条件，这个参数会影响聚类质量。linkage 表示链接方式，即划分簇的方式，AgglomerativeClustering 库中包含 3 种链接方式。

（1）ward 链接：是默认选项，通过挑选簇中点的方差增量最小的两个簇来合并，通过这种链接方式通常得到大小差不多的簇。

（2）average 链接：将簇中所有点之间平均距离最小的两个簇合并。

（3）complete 链接：也称为最大链接，将簇中点之间最大距离最小的两个簇合并。

ward 适用于大多数数据集。如果簇中的成员个数相差很大，那么 average 或 complete 可能效果更好。

5.2.2　算法实现

下面是对数据集分别采用 3 种链接方式得到的结果。代码如下：

```
from sklearn.datasets.samples_generator import make_blobs
from sklearn.cluster import AgglomerativeClustering
import numpy as np
import matplotlib.pyplot as plt
from itertools import cycle  #Python 自带的迭代器模块
#产生随机数据的中心
centers = [[1, 1], [-1, -1], [1, -1]]
#产生的数据个数
X, lables_true = make_blobs(n_samples=2000, centers=centers, cluster_std=0.5,
random_state=22)
ac = AgglomerativeClustering(linkage='ward', n_clusters=4)
```

```
#训练数据
ac.fit(X)
#每个数据的分类
lables = ac.labels_
#绘图
plt.figure(1)
plt.clf()
colors = cycle('rgcy')
for k, col in zip(range(4), colors):
    #根据 lables 中的值是否等于 k，重新组成一个值为 True 或 False 的数组
    my_members = lables == k
    #从 X[my_members, 0] 取出 my_members 对应位置值为 True 的点的横坐标
    plt.plot(X[my_members, 0], X[my_members, 1], col + '.')
plt.show()
```

参数 linkage 的取值依次为'ward'、'average'、'complete'。参数为'ward'的凝聚的层次聚类如图 5-6 所示。

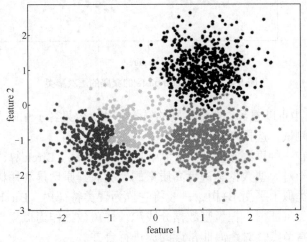

图 5-6　参数为'ward'的凝聚的层次聚类

将参数改为'average'，如图 5-7 所示。

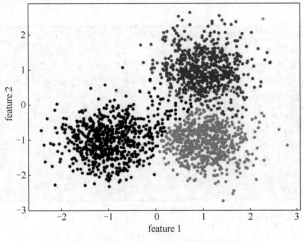

图 5-7　参数为'average'的凝聚的层次聚类

```
ac = AgglomerativeClustering(linkage='average', n_clusters=4)
```

对于'average'参数，不仔细看的话会误认为凝聚成了 3 类，其实凝聚成了 4 类，有一类只有一个样本，在图 5-7 中右上角。然后将参数改为'complete'，如图 5-8 所示。

```
ac = AgglomerativeClustering(linkage='complete', n_clusters=4)
```

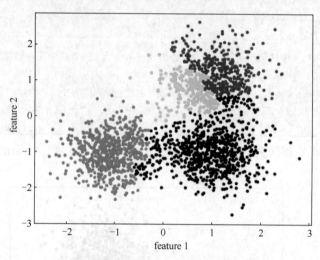

图 5-8　参数为'complete'的凝聚的层次聚类

从图 5-6～图 5-8 中可以看到，选择不同的链接方式，效果各不相同，在实际应用中可以通过对每种链接方式的测试，选择理想的方式。

在层次聚类中还有一种算法比较常用，那就是 Birch 算法。Birch 算法用层次方法来聚类和归约数据，它主要用于对大型数据集进行高质量的聚类。其原理是利用树结构来帮助我们快速地聚类，这个树结构类似于平衡 B+树，一般将它称为聚类特征树。Birch 算法通过扫描所有数据，建立初始化的聚类特征树，把稠密数据分成簇，稀疏数据作为孤立点对待，然后对建立的树进行筛选，去除异常节点，对距离非常近的簇进行合并。

Birch 算法涉及的主要参数为簇的个数 n_clusters、扫描阈值 threshold、每个节点中聚类特征子集群的最大数量 branching_factor（默认值为 50）。最后通过读取 compute_labels 来获取每个数据点的分类情况。

```
from sklearn.datasets import make_blobs
from sklearn.cluster import Birch
import matplotlib.pyplot as plt
blobs = make_blobs(n_samples=10000,random_state=33,centers=3,cluster_std=2.0)
X_blobs = blobs[0]
plt.scatter(X_blobs[:,0],X_blobs[:,1],c='r',edgecolors='k')
kmeans = Birch(threshold=2, n_clusters=3)
kmeans.fit(X_blobs)
y_kmeans = kmeans.predict(X_blobs)
plt.scatter(X_blobs[:, 0], X_blobs[:, 1], c=y_kmeans)
plt.show()
```

输出结果如图 5-9 所示。

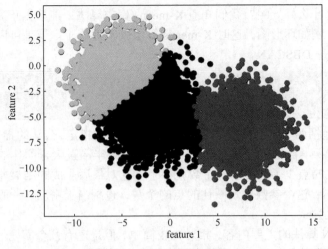

图 5-9　Birch 算法的决策

5.2.3　算法的优缺点

1. 优点

（1）层次聚类中距离和规则的相似度容易定义，限制少。

（2）层次聚类不需要预先指定聚类个数。

（3）层次聚类可以发现类的层次关系。

2. 缺点

（1）层次聚类计算复杂度太高。

（2）层次聚类中的奇异值能产生很大影响。

（3）层次聚类算法很可能将模型聚类成链状。

5.3　DBSCAN

5.3.1　算法介绍

　　带噪声应用的基于密度的聚类（density-based spatial clustering of application with noise，DBSCAN）算法是一种基于密度的算法，这种算法通常根据数据的紧密程度进行分类，如果一个数据属于该类，则在其附近一定还存在属于该类的数据。通过将紧密分布的数据分为一类，就得到了一个聚类类别。通过将所有数据划分为不同类别，就得到了最终的聚类类别结果。该算法将具有足够密度的区域内的数据划分为一类，并在具有噪声的数据集中划分出不同形状的类别，它将类定义为密度相近的点的最大集合。

　　那么 DBSCAN 算法是怎么基于密度工作的呢？在一个数据集中，我们的目标是把数据中密度相近的聚为一类。先从数据中选择一点，然后按照一定规则寻找密度相近的点组成一类，其他的数据点也是如此。这个规则就是根据这个被选中的数据点画一个圆，规定这个圆的半径以及圆内最少包含的数据数，再在包含在内的数据中转移中心点，那么这个圆的圆心就转移到内部数据点，继续用相同的半径画圆去圈附近其他的数据点。一直重复上述过程，继续增加数据点，直到没有符合条件的数据为止。

基于密度工作有什么好处呢？我们知道 K-means 聚类算法只能根据距离进行计算，而现实中有各种形状的图，例如环形图，这时 K-means 算法就不适用了。于是可以使用根据数据的密度进行分类的算法——DBSCAN。

```
def __init__(self, eps=0.5, min_samples=5, metric='euclidean',
             metric_params=None, algorithm='auto', leaf_size=30, p=None,
             n_jobs=None):
```

DBSCAN 算法包括两个重要的参数，这两个参数比较难指定，公认的指定方法有以下两种。

（1）半径（eps）：半径是比较重要的一个参数，如果半径过大，圈住的点多了，类别的个数就少了；反之圈住的点少了，类别的个数就多了。这对最后生成的结果非常重要。

（2）min_samples：这个参数表示圈住的点的个数，也相当于密度，一般先让这个值尽可能地小，然后进行多次尝试。

上述是 DBSCAN 算法的主要内容，相对比较简单，但是还有几个问题没有考虑。第一个问题是一些数据点远离于其他数据点，这些点不在任何一类的周围。在 DBSCAN 中，一般将这些点标记为噪声点。第二个问题是距离的度量问题，即如何计算某样本和核心对象样本的距离。DBSCAN 一般采用最近邻思想，采用某一种距离度量方式来衡量样本距离，例如欧氏距离，这和 KNN 分类算法的最近邻思想完全相同。

5.3.2 算法实现

下面对 DBSCAN 算法进行应用。先生成环状数据（见图 5-10），代码如下：

```
from sklearn.datasets.samples_generator import make_circles
import matplotlib.pyplot as plt
from sklearn.cluster import DBSCAN
X, y_true = make_circles(n_samples=2000, factor=0.5,noise=0.1)  #这是环状数据


#DBSCAN 算法
dbscan = DBSCAN(eps=.1, min_samples=10)
dbscan.fit(X)  #该算法对应的两个参数
plt.scatter(X[:, 0], X[:, 1], c=dbscan.labels_)
plt.show()
```

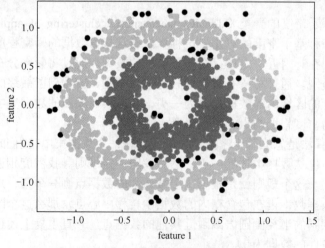

图 5-10　DBSCAN 算法对环状数据的决策

从图 5-10 中可以看到分类结果一目了然。接下来再生成双半月数据（见图 5-11），代码如下：

```
from sklearn.datasets import make_moons
import matplotlib.pyplot as plt
from sklearn.cluster import DBSCAN
X, y_true = make_moons(n_samples=2000,noise=0.1)
# DBSCAN 算法
dbscan = DBSCAN(eps=.1, min_samples=10)
dbscan.fit(X)    # 该算法对应的两个参数
plt.scatter(X[:, 0], X[:, 1], c=dbscan.labels_)
plt.show()
```

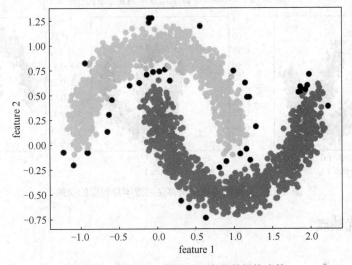

图 5-11　DBSCAN 算法对双半月数据的决策

依据图 5-11 来看，分类仍然正确。还可以将 DBSCAN 算法与 K-means 算法和凝聚的层次聚类算法进行对比（见图 5-12），代码如下：

```
from sklearn.datasets import make_moons
import matplotlib.pyplot as plt
from sklearn.cluster import KMeans
X, y_true = make_moons(n_samples=2000,noise=0.1)
kmeans = KMeans(n_clusters=2)
kmeans.fit(X)    # 该算法对应的两个参数
plt.scatter(X[:, 0], X[:, 1], c=kmeans.labels_)
plt.show()
ac = AgglomerativeClustering(n_clusters=2)
ac.fit(X)
plt.scatter(X[:, 0], X[:, 1], c=ac.labels_)
```

输出结果如图 5-13 所示。

可以看到前文讲到的两种算法对这种数据集并不适用，DBSCAN 算法在处理这些数据时的效果显而易见得好，所以根据不同的问题选择合适的算法是关键。

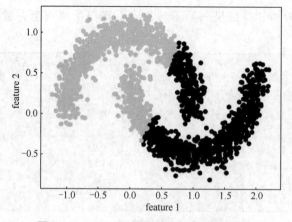

图 5-12　K-means 算法对双半月数据的决策

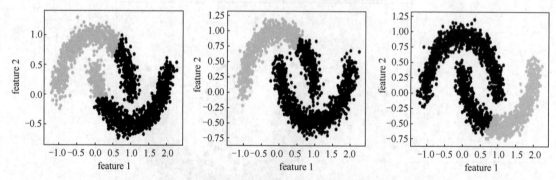

图 5-13　凝聚的层次聚类算法对双半月数据的决策

5.3.3　算法的优缺点

1. 优点

（1）DBSCAN 速度快。该算法不需要提前设定 K 值大小，不需要事先知道要形成的类别的数量。

（2）DBSCAN 对噪声不敏感。该算法可以在聚类的同时发现异常点，对数据集中的异常点不敏感。

（3）DBSCAN 能发现任意形状的簇。这是因为该算法能够较好地判断离群点，并且即使错判离群点，最终的聚类结果也没受什么影响。

（4）DBSCAN 形成的类别没有偏倚，而 K-means 之类的聚类算法的初始值对聚类结果有很大影响。

2. 缺点

（1）DBSCAN 对参数的设置敏感，当半径和密度变化时会很大程度地影响结果。

（2）当数据量较大时，DBSCAN 要求的内存也大。

（3）当空间密度不均匀、聚类间距相差很大时，DBSCAN 算法聚类质量较差。

5.4　Mean Shift

5.4.1　算法介绍

Mean Shift 算法，即均值聚类算法，也是一种基于密度的聚类算法，但它是一种基于核密度的估计算法。Mean Shift 算法通过高斯核函数迭代的过程，不需要事先知道数据的概率密度分布函数，仅依靠对各数据的计算，就能够在一组数据的密度分布中寻找局部最优解。而且它在采样充分的情况下，一定会收敛，即可以对服从任意分布的数据进行密度估计。Mean Shift在聚类、图像分割、视频跟踪等方面有着广泛的应用。

　　Mean Shift 算法的聚类过程如下：有多个初始随机中心，每个中心都有一个半径为 bandwidth的圆，我们要做的就是求解一个向量，使得圆心一直往数据集中密度最大的方向移动，也就是每次迭代的时候，都以圆内点的平均位置作为新的圆心位置，直到满足某个条件时不再迭代，这时候的圆心也就是密度中心，如图 5-14 和图 5-15 所示。

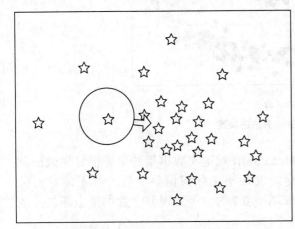

图 5-14　Mean Shift 初始随机中心

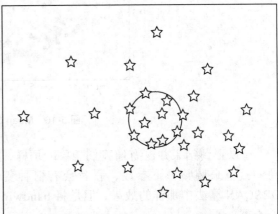

图 5-15　Mean Shift 迭代后的密度中心

　　在 Mean Shift 算法中，不需要定义簇的个数，只需要规定圆的半径，之后计算圆内圆心到所有点的向量距离的均值，如果圆内其他点作为圆心的距离均值都小于该圆心，该圆就不再继续移动。下面是 Mean Shift 算法的参数：

```
def __init__(self, bandwidth=None, seeds=None, bin_seeding=False,
             min_bin_freq=1, cluster_all=True, n_jobs=None):
```

　　bandwidth 表示带宽，可以理解为设定的圆的半径。bin_seeding 用于设定初始随机中心的位置参数的方式，默认为 False，表示采用所有点的位置平均值，当为 True 时，表示采用离散后的点的位置平均值，前者比后者的计算速度要慢。

5.4.2　算法实现

　　对于 DBSCAN 算法，我们知道它也是基于密度的算法，而且能处理像环状数据、双半月数据这样的数据集，那么同为基于密度的算法，Mean Shift 算法是不是也可以处理这样的数据集呢？接下来通过实例来测试一下。

```
from sklearn.datasets.samples_generator import make_circles
import matplotlib.pyplot as plt
from sklearn.cluster import MeanShift
X, y_true = make_circles(n_samples=1000,factor=0.1, noise=0.1)
ms = MeanShift()
ms.fit(X)
plt.scatter(X[:, 0], X[:, 1], c=ms.labels_)
plt.show()
```

输出结果如图 5-16 所示。

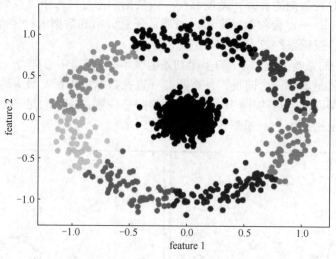

图 5-16　Mean Shift 算法的决策

可以看到结果并没有像我们想象的那样，Mean Shift 对这类数据集并不能很好地做出预测。接下来调整一下参数，看看会有何种变化。发现不论如何调整参数，并不能获得像 DBSCAN 算法中那样的效果，但是将 bandwidth 增至 0.7 时，可发现整个数据集全部被分成了一类。

```
ms = MeanShift(bandwidth=0.7,bin_seeding=True)
```

输出结果如图 5-17 所示。

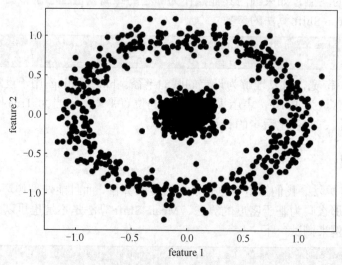

图 5-17　调整参数后，Mean Shift 算法的决策

那么 Mean Shift 算法适用于什么情况呢？我们知道 Mean Shift 算法是一种概率密度梯度估计的算法，其实 K-means 算法也是一种概率密度梯度估计的算法，所以可以利用 K-means 算法所使用的数据集，来观察 Mean Shift 算法的情况。

```
from sklearn.datasets import make_blobs
```

```
import matplotlib.pyplot as plt
from sklearn.cluster import MeanShift
blobs = make_blobs(random_state=7,centers=3)
X_blobs = blobs[0]
plt.scatter(X_blobs[:,0],X_blobs[:,1],c='r',edgecolors='k')
ms = MeanShift()
ms.fit(X_blobs)
y_kmeans = ms.predict(X_blobs)
plt.scatter(X_blobs[:, 0], X_blobs[:, 1], c=y_kmeans)
centers = ms.cluster_centers_
plt.scatter(centers[:, 0], centers[:, 1],marker='x',c='r', s=200, alpha=0.5)
plt.show()
```

输出结果如图 5-18 所示。

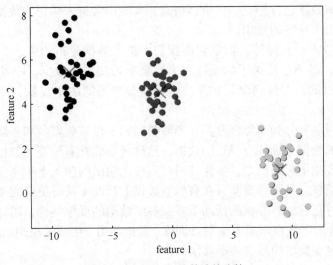

图 5-18　Mean Shift 算法的决策

对于这两个算法，其预测模型几乎无异。其实 Mean Shift 算法主要用于视觉处理相关的场合，这里就不多阐述了。

5.4.3　算法的优缺点

1. 优点

（1）Mean Shift 算法计算量不大、不敏感，采用核函数直方图模型，在目标区域已知的情况下完全可以做到实时跟踪。

（2）Mean Shift 算法只需设置带宽这一个参数，不需要设置簇的个数。

（3）Mean Shift 算法结果稳定，不需要进行类似 K-means 的样本初始化。

2. 缺点

（1）Mean Shift 跟踪过程中由于窗口宽度大小保持不变，当目标尺度有所变化时，跟踪就会失败。

（2）Mean Shift 聚类结果取决于带宽的设置。带宽设置过小，收敛速度比较慢，簇的个数就会比较多；带宽设置过大，跟踪效果不好。

5.5 标签传播

5.5.1 算法介绍

标签传播（label propagation）算法属于半监督学习算法。半监督学习是监督学习与无监督学习相结合的一种学习方法。它主要利用少量含有标签的样本和大量无标签的样本进行训练。半监督学习是模式识别和机器学习领域重点研究的问题，对于减少标注代价、提高机器学习性能具有非常重大的实际意义。

之所以会出现半监督学习，是因为所给的样本数据集中，有时会出现有的样本有标签而有的样本没有标签的情况。在实际问题中这样的数据集并不少见，通常数据集只有少量的含有标签的数据，而如果对数据进行标记，代价会很高。实际中大量未标记的数据很容易得到，缺乏的并不是数据，而是带标签的数据。

虽然有大量的数据没有标签，但是它给我们提供了数据分布的信息。通常假定这些数据是可以实现分类的，只不过缺失了标签值。半监督学习使用的数据，小部分是标记过的，而大部分是没有标记过的。与监督学习相比较，半监督学习的成本较低，而且还能获得较高的准确度。

半监督学习又可以划分为半监督分类、半监督回归、半监督聚类和半监督降维算法。半监督分类可在无标签的数据上训练有标签的数据，这样能够弥补有标签的数据的不足，得到比只训练有标签数据的模型更好的模型。半监督回归可在无输出的输入上训练含有输出的输入，能够获得更好的回归模型。半监督聚类可在有标签数据的帮助下获得更好的簇，提高聚类算法的精度。半监督降维可在有标签数据的帮助下找到高维数据的低维结构，同时保持原始高维数据及其结构不变。具体的半监督学习方法有自训练、直推学习、生成式模型、基于差异的方法等，本节主要讲解半监督聚类中的标签传播算法。

标签传播算法是一种基于标签传播的局部社区划分算法。标签传播算法类似于监督学习算法中的 KNN 算法，主要依照标签相似度进行聚类。标签传播算法认为越相邻的两个数据点越有可能属于同一个标签，通过对一些含有标签的数据点，判断相邻数据点之间的相似性，对未标记的数据点进行划分。通过迭代，每个数据点的标签与其邻接数据点中出现次数最多的标签相同，直到达到收敛要求为止。此时具有相同标签的数据点即属于同一个社区。

标签传播算法的聚类过程如下：在初始阶段，标签传播算法为所有数据点均指定唯一的标签，那么 n 个数据点就有 n 个不同的标签，然后通过迭代将每个数据点的标签更改为其邻接数据点中出现次数最多的标签，如果这样的标签有多个，则随机选择一个。在每一次迭代的过程中，每一个数据点根据与其相连的数据点所属的标签更改自己的标签，更改的原则是选择与其相邻的数据点中所属标签最多的社区标签为自己的社区标签，这便是标签传播的含义。随着社区标签的不断传播，最终紧密连接的数据点将拥有共同的标签。

标签传播算法利用网络的结构指导标签的传播过程，在这个过程中无须优化任何函数。如果其邻接数据点与其相似度越相近，则表示对其标签的影响权值就越大，邻接数据点的标签就更容易被传播。在算法开始前不必知道社区的个数，随着算法的迭代，最终算法将自己决定社区的个数。

```
def __init__(self, kernel='rbf', gamma=20, n_neighbors=7,
             alpha=None, max_iter=1000, tol=1e-3, n_jobs=None):
```

标签传播算法的参数，主要是核 kernel 的选择，可选择的核有 knn、rbf、callable。半监督学习在本书中只作为选读内容，并不做重点介绍。

5.5.2 算法实现

因为 sklearn 数据集中不存在一部分数据含有标签、一部分数据不含标签的数据集，所以先利用 make_blobs 数据集，并将其处理成需要的数据集。代码如下：

```
import numpy as np
from sklearn.datasets import make_blobs
from sklearn.metrics import accuracy_score
from sklearn.semi_supervised import LabelPropagation
X,y = make_blobs(n_samples=300,centers=3,cluster_std=2)
labels = np.copy(y)
#标签传播算法中，未标注的数据的标签必须是-1，随机选一些数据，将其标签设置为-1
rd = np.random.RandomState(3).rand(len(y))
#0～1 的随机数，小于 0.5 时返回 1，大于等于 0.5 时返回 0
rd = rd<0.5
Y=labels[rd]  #转换之前的标签
labels[rd]=-1 #标签重置，将为 1 的标签转换为-1
print('无标签数据:',list(labels).count(-1))
lp = LabelPropagation()
lp.fit(X,labels)
Y_pred = lp.predict(X)
Y_pred = Y_pred[rd] #对标签为-1 的那部分数据进行重新预测
print('精确度:', accuracy_score(Y, Y_pred))
```

输出结果：

```
无标签数据：157
精确度：0.7961783439490446
```

5.5.3 算法的优缺点

1. 优点

（1）标签传播算法的聚类过程比较简单，速度比较快。

（2）标签传播算法时间复杂度低，适合大型复杂网络。

2. 缺点

（1）标签传播算法随机性强。

（2）标签传播算法每次迭代的结果不稳定，准确率不高。

5.6 小结

本章介绍了 5 种聚类算法，分别是 K-means、层次聚类、DBSCAN、Mean Shift 和标签传播。

K-means 算法在数据集比较大的情况下也非常高效，时间、空间复杂度低。但其生成的结果容易是局部最优结果。它需要提前设定 K 值，对开始选择的 K 个点敏感。

层次聚类可解释性强。研究表明通过这个算法产生的聚类一般都有效，可以解决一些不规则形状的数据的聚类问题。但层次聚类时间复杂度高，具有贪心算法的缺点，即"一步错步步错"。

　　DBSCAN 对噪声不敏感，能发现任意形状的聚类。但是其对参数的设置敏感，当聚类的稀疏程度不同、空间密度不均匀、聚类间距相差很大时，聚类质量较差，即较稀疏的聚类会被划分为多个类或密度较大且离得较近的类会被合并成一个聚类。

　　Mean Shift 算法计算量不大，不敏感，采用核函数直方图模型，在目标区域已知的情况下完全可以做到实时跟踪。但聚类结果取决于带宽的设置。带宽设置过小，收敛速度比较慢，簇的个数就会比较多；带宽设置过大，跟踪效果不好。

　　标签传播算法过程简单，时间复杂度低，速度快，但随机性强，准确率不高。

习题 5

　　1. 试分析 K-means 算法与 KNN 算法的异同点。

　　2. 层次聚类算法可以划分为几种算法？这几种算法有何不同？

　　3. DBSCAN 算法与 Mean Shift 算法都是基于密度的算法，但是侧重点有所不同，试说明两者的侧重点。

　　4. 标签传播是半监督学习中的聚类算法，半监督学习中除了聚类算法还有哪些算法？

06 第6章 数据预处理

前文介绍了机器学习的各类算法，算法的选择只是机器学习过程中的一个步骤，在自然的数据集中难免会出现异常或者缺失的数据，所以还要对用到的数据集进行数据的预处理。数据预处理包括数据清洗、数据变换、数据归约等。

6.1 数据清洗

6.1.1 缺失值处理

在现实生活中，十全十美的事很少，不尽如人意的事却很多，当然我们收集的数据也是如此。十分完美的数据在通常情况下都是很少见的，我们收集的数据中总有一些数据是缺失的，而且往往无法补全。出现这种情况的原因有很多，可能是人为原因，例如疏忽导致输入时数据缺失或被别的数据覆盖、被误删，又例如调查时人们故意隐瞒历史或者拒绝回答；还可能是客观原因，例如硬盘损坏、机器故障造成的数据缺失。所以，应该对所收集的数据的缺失值进行处理，使数据更适合我们所构建的模型。

目前常见的几种缺失值处理方法包括直接使用含有缺失值的数据、直接删除含有缺失值的数据、计算并补全缺失值等。

1. 直接使用含有缺失值的数据

如果缺失值是一些无关紧要的特征，就忽略这些特征，直接使用含有缺失值的数据。但如果缺失的是一些非常重要的值，直接使用的话，就可能影响结果的准确性。

2. 直接删除含有缺失值的数据

直接删除含有缺失值的数据方法一般使用得不多，原因是在未进行机器学习之前，不知道每个特征对我们所构建的模型的重要性，如果贸然将数据直接删除的话，就可能会对构建的模型产生一些不可估计的影响。

直接删除含有缺失值的数据的代码实现如下。

我们的数据一般都存储在 pandas 的 DataFrame 中，所以删除数据也需要依靠 pandas。首先导入 pandas 库：

```
import pandas as pd
import numpy as np
```

假设数据如下：

```
data = pd.DataFrame({"name": ['A', 'B', 'C'],"sex":[np.NaN,"Male","Female"],
"born": [pd.NaT, d.Timestamp("2000-1-1"),pd.NaT]})
```

即：

```
     name   sex       born
0     A     NaN       NaT
1     B     Male      2000-01-01
2     C     Female    NaT
```

可以对其进行如下删除操作。

使用 pandas 库中的 dropna()：

```
DataFrame.dropna(axis=0,how='any',thresh=None,subset=None,inplace=False)
```

通过修改圆括号中的参数来实现不同的删除功能。

（1）axis

axis 的取值为 0 或 1，axis = 0 时表示对行的删除，axis = 1 时表示对列的删除，一般 dropna() 默认 axis = 0。

当 axis = 1 时：

```
data = data.dropna(axis = 1)
```

输出结果：

```
     name
0     A
1     B
2     C
```

当 axis = 0 时：

```
data = data.dropna(axis = 0)
```

输出结果：

```
  name   sex      born
1 B      Male     2000-01-01
```

（2）how

how 的取值为'any'或'all'，how = 'any'时表示删除有任何 NaN 存在的行或列，how = 'all'时表示删除值全为 NaN 的行或列。

当 how = 'any'时：

```
data = data.dropna(how = 'any')
```

输出结果：

```
     name   sex      born
1     B      Male     2000-01-01
```

当 how = 'all'时：

```
data = data.dropna(how = 'all')
```

输出结果：

```
      name    sex      born
0     A       NaN      NaT
1     B       Male     2000-01-01
2     C       Female   NaT
```

由于数据中没有任何一行或一列的值全为 NaN，因此 dropna() 没有删除任何一行或一列。

（3）thresh

thresh 参数的作用是保留数据，防止一些数据被错误地删除，其取值的类型为 int（整数类型）。thresh 与 axis 结合使用便可实现对任意 N 行或 M 列的保留，而且 thresh 保留的是含有缺失值最少的一行或一列。

当 axis = 0、thresh = 2 时：

```
data = data.dropna(axis = 0,thresh = 2)
```

输出结果：

```
      name    sex      born
1     B       Male     2000-01-01
2     C       Female   NaT
```

当 axis = 1、thresh = 2 时：

```
data = data.dropna(axis = 1,thresh = 2)
```

输出结果：

```
      name    sex
0     A       NaN
1     B       Male
2     C       Female
```

（4）subset

subset 参数的作用是删除含有缺失值的指定列，其取值为数据中的所有特征。例如，当 subset = ["born"] 时：

```
data = data.dropna(subset = ["born"])
```

输出结果：

```
      name    sex      born
1     B       Male     2000-01-01
```

可以看到，由于 A、C 的 born 列都含有缺失值，因此只保留了 B 行。再如，当 subset = ["name","sex"] 时：

```
data = data.dropna(subset = ["name","sex"])
```

输出结果：

```
      name    sex      born
1     B       Male     2000-01-01
2     C       Female        NaT
```

3. 计算并补全缺失值

计算并补全缺失值是实际工程中应用最广泛的方法，其中心思想是：计算出最可能的值来代替缺失值。这种方法多用于缺失值较少或者缺失值比较重要的情况。

以下面的数据作为样例：

```
data
=pd.DataFrame({"name":["A","B","C","D"],"sex":[np.nan,np.nan,"Male","Female"
],"height":[155,pd.NaN,167,190],"weight":[pd.NaN,55,60,77]})
```

输出：

```
    name    sex       height    weight
0   A       NaN       155       NaN
1   B       NaN       NaN       55
2   C       Male      167       60
3   D       Female    190       77
```

fillna()函数的作用是将缺失值替换为我们指定的值：

```
    DataFrame.fillna(value=None,method=None,axis=None,inplace=False,limit=None,
downcast=None)
```

fillna()函数的部分参数的作用如下。

（1）value

value 参数的作用是指定用来替换缺失值的值。value 的取值可以为任意实数，当然也可以用字典来填充缺失值。例如，当 value = 50 时：

```
    data = data.fillna(50)
```

输出：

```
    name    sex       height    weight
0   A       50        155       50
1   B       50        50        55
2   C       Male      167       60
3   D       Female    190       77
```

可以看到，如果不指定所要填充的列，fillna()默认将所有缺失值填充成所指定的值。再如，当 value = {"sex":"male","height":170,"weight":50}时：

```
    data = data.fillna({"sex":"male","height":170,"weight":50})
```

输出结果：

```
    name    sex       height    weight
0   A       male      155       50
1   B       male      170       55
2   C       Male      167       60
3   D       Female    190       77
```

（2）method

method 参数的作用是指定填充缺失值的方法，其取值为 "ffill/pad" 或 "bfill/backfilll"。method = 'ffill/pad'表示用该列数据的前一个非缺失值来填充缺失值，method = 'bfill/backfill'表示用该列数据的后一个非缺失值来填充缺失值。例如，当 method = 'ffill/pad'时：

```
    data = data.fillna(method = 'ffill')
    #data = data.fillna(method = 'pad')
```

输出结果：

```
    name    sex       height    weight
0   A       NaN       155       NaN
```

```
1        B        NaN      155      55
2        C        Male     167      60
3        D        Female   190      77
```

可以看到，因为"sex"和"weight"第一个值都为缺失值，所以用该列数据前一个非缺失值填充时缺失值仍为缺失的。再如，当 method = "bfill/backfill"时：

```
data = data.fillna(method = 'bfill')
#data = data.fillna(method = 'backfill')
```

输出结果：

```
         name     sex      height   weight
0        A        Male     155      55
1        B        Male     167      55
2        C        Male     167      60
3        D        Female   190      77
```

可以看到，由于这次使用的是用后一个非缺失值来填充缺失值，而表中各列缺失值的后一个值都不为缺失值，因此所有的缺失值都被替换成了非缺失值。

（3）inplace

inplace 参数的作用是指定是否创建副本，其取值为 True 或 False，inplace = True 表示不创建副本，直接在原数据上进行修改，inplace = False 表示创建副本，在副本上进行修改而不改变原数据的值。例如，当 inplace = True 时：

```
Data = data.fillna(method = 'bfill',inplace = True)

print(data)
print("-------------")
print(Data)
```

输出结果：

```
         name     sex      height   weight
0        A        Male     155      55
1        B        Male     167      55
2        C        Male     167      60
3        D        Female   190      77
-------------
None
```

再如，当 inplace = False 时：

```
Data = data.fillna(method = 'bfill',inplace = False)

print(data)
print("-------------")
print(Data)
```

输出结果：

```
         name     sex      height   weight
0        A        NaN      155      NaN
1        B        NaN      NaN      55
2        C        Male     167      60
3        D        Female   190      77
-------------
```

```
       name     sex       height    weight
0      A        Male      155       55
1      B        Male      167       55
2      C        Male      167       60
3      D        Female    190       77
```

（4）limit

limit 参数的作用是限制填充缺失值的个数，limit 常与 method 和 value 一起用。例如，当 limit = 1 时：

```
data = data.fillna(method = 'bfill',limit = 1)
```

输出结果：

```
       name     sex       height    weight
0      A        NaN       155       55
1      B        Male      167       55
2      C        Male      167       60
3      D        Female    190       77
```

单独使用 limit 也能得到想要的效果：

```
data = data.fillna(20,limit = 1)
```

输出结果：

```
       name     sex       height    weight
0      A        NaN       155       NaN
1      B        NaN       NaN       55
2      C        Male      167       60
3      D        Female    190       77
------------------------------------------------
------------------------------------------------
       name     sex       height    weight
0      A        20        155       20
1      B        NaN       20        55
2      C        Male      167       60
3      D        Female    190       77
```

当然，使用 sklearn.preprocessing 中的 Imputer() 也可以得到以上的效果，接下来介绍两种常见的缺失值补全的方法。

（1）均值插补

对于可以度量的数据，例如身高、体重、学生成绩等，如果数据中存在缺失值，那么通常会用该列数据的平均值来补全缺失值。

例如，补全体重（weight）一列的数据：

```
data['weight'] = data['weight'].fillna(data['weight'].mean())
```

输出结果：

```
       name     sex       height    weight
0      A        NaN       155       NaN
1      B        NaN       NaN       55
2      C        Male      167       60
3      D        Female    190       77
------------------------------------------------
data['weight'].mean = 64.0
```

```
-----------------------------------------------
        name    sex       height    weight
0       A       NaN       155       64.0
1       B       NaN       NaT       55.0
2       C       Male      167       60.0
3       D       Female    190       77.0
```

当然，也可以用数据的中位数来补全缺失值。例如，用中位数来补全体重一列的数据：

```
data['weight'] = data['weight'].fillna(data['weight'].median())
```

输出结果：

```
        name    sex       height    weight
0       A       NaN       155       NaN
1       B       NaN       NaN       55
2       C       Male      167       60
3       D       Female    190       77
-----------------------------------------------
data['weight'].median =  60.0
-----------------------------------------------
        name    sex       height    weight
0       A       NaN       155       60.0
1       B       NaN       NaT       56.0
2       C       Male      167       60.0
3       D       Female    190       78.0
```

但是，如果对于不可以度量的数据，例如性别、国籍、政治面貌等，无法用数据的平均值或中位数来补全缺失值。这时，比较好的方法是用数据的众数（即出现次数最多的数据）来补全缺失值。例如下面这组数据：

```
data  =pd.DataFrame({"name":["A","B","C","D","E"],"sex":[np.nan,np.nan,"Male",
"Female","Male"],"height":[155,pd.NaT,167,190,pd.NaT],"weight":[pd.NaT,55,60,77,
pd.NaT]})
```

与上一组数据相比，本组数据中多出了一个名叫"E"的男性，他的身高和体重未知。可利用众数将性别补全：

```
data['sex'] = data['sex'].fillna(data['sex'].mode())
```

输出结果：

```
        name    sex       height    weight
0       A       NaN       155       NaN
1       B       NaN       NaN       55
2       C       Male      167       60
3       D       Female    190       77
4       E       Male      NaN       NaN
-----------------------------------------------
data['sex'].mode() =
0     Male
dtype: object
-----------------------------------------------
        name    sex       height    weight
0       A       Male      155       NaN
1       B       NaN       NaT       55
2       C       Male      167       60
```

```
3       D       Female  190     77
4       E       Male    NaN     NaN
```

如果不对数据做任何处理，用众数进行缺失值补全：

```
data =
    pd.DataFrame({"name":["A","B","C","D"],"sex":[np.nan,np.nan,"Male","Female"],
"height":[155,pd.NaT,167,190],"weight":[pd.NaT,55,60,77]})
```

输出结果：

```
        name    sex     height  weight
0       A       NaN     155     NaN
1       B       NaN     NaN     55
2       C       Male    167     60
3       D       Female  190     77
------------------------------------------------
data['sex'].mode() =
0       Female
1        Male
dtype: object
------------------------------------------------
        name    sex     height  weight
0       A       Female  155     NaN
1       B       Male    NaN     55
2       C       Male    167     60
3       D       Female  190     77
```

可以看到，sex 列的前两个缺失值被分别补全成"Female"和"Male"，这是因为"Female"和"Male"出现的次数相同，且均为中位数，所以缺失值会被"Female"和"Male"同时按字典序进行补全。

（2）多重插补

对于数据中的缺失值，可以做这样一个假设：认为所有待补全的缺失值是随机的，且待补全的缺失值全部源于已知的值。

具体实现如下。

① 机器首先通过已有的值预测（或估计）出待补全的缺失值。

② 给预测出的数据加上多组干扰值，形成 N 种不同的组合。

③ 根据某种选择方式，选择出最合适的值。

实现多重插补需要借助于 sklearn.impute 中的 SimpleImputer()。

示例代码如下：

```
    SimpleImputer(missing_values=np.nan, strategy="mean",fill_value=None, verbose=0,
copy=True,
    add_indicator=False)
```

例如，对于已知的数据 data 和待补全的缺失值 s_data：

```
data = [[21,np.nan,11],[2,54,92],[32,np.nan,33],[232,4,0]]
s_data = [[2,3,np.nan],[np.nan,np.nan,90],[10,np.nan,11]]
```

就可以通过 SimpleImputer()补全缺失值：

```
new = s.fit_transform(s_data,data)
```

输出结果：

```
[[ 2.   3.   50.5]
 [ 7.   3.   90. ]
 [10.   3.   11. ]]
```

这里，SimpleImputer()默认的插补方式是用数据的平均值去预估。当然，也可以改变 SimpleImputer()的插补方式来实现不同情况的插补。

6.1.2 异常值处理

在人为或者自然收集数据的过程中，除了会出现缺失值，还可能出现异常值。异常值与噪声有所不同，噪声是被观测变量的随机误差或方差，一般而言，为减少对后续模型的影响，提高模型的精度，噪声在数据预处理中是可以被直接剔除的。异常值是指数据中的离群点，它是普通的数据，但又不同于其他数据，其分布与其他数据分布有较为显著的差异。

异常值虽然数量不多，但对其的检测是有意义的，这是因为怀疑产生它们的分布不同于产生其他数据的分布。一般异常值是人工筛选的，最常用的方法就是用最大值与最小值来判断这个变量是否属于正常值。例如，在对样本中人的身高进行统计的时候，其中有一个值为-1，这显然是不正常的。但在面对大量的数据时，人工筛选方法耗时、耗力，因此，可以用如下方法进行异常值检测。

1. 标准差法

标准差法又称为拉依达准则、3σ 原则。该方法先假设样本数据只含有随机误差，并对其进行计算得到标准差，然后按一定概率确定一个区间，认为凡超过这个区间的数据，就属于异常值。

我们知道在标准正态分布中，$P(|x-\mu|>3\sigma)\leqslant0.003$，$\sigma$ 代表标准差，μ 代表均值。标准差法具体操作步骤如下：首先需要保证数据服从正态分布，然后计算数据的平均值和标准差，比较数据中的每个值与平均值的偏差是否超过 3 倍。偏差超过 3 倍的值出现的概率小于 0.003，属于小概率事件，故可认定其为异常值。接下来利用图形的方式来进行详细讲解。

首先创建一组数据，然后观察其分布。代码如下：

```
import numpy as np
import pandas as pd
import matplotlib.pyplot as plt
data = [0,1,2,3,6,9,7,8,6,5,4,8,6,5,7,8,9,5,6,12,3,127,3,-9,6,5,43,2,45,6,9,
8,56]
s = pd.DataFrame(data,columns = ['value'])
plt.scatter(s.index, s.values)
plt.grid()
plt.show()
```

输出结果如图 6-1 所示。

从图 6-1 中可以看出，几乎所有数据都在值 0 的水平线的上下波动，只有第 21、26、28、32 个数据有偏差，接下来绘制数据正态分布直方图。代码如下：

```
fig = plt.figure(figsize = (8,4))
ax2 = fig.add_subplot(1,1,1)
s.hist(bins=30,alpha = 0.5,ax = ax2)
s.plot(kind = 'kde', secondary_y=True,ax = ax2)
plt.grid()
plt.show()
```

113

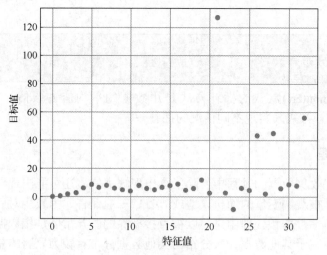

图 6-1　数据分布

输出结果如图 6-2 所示。

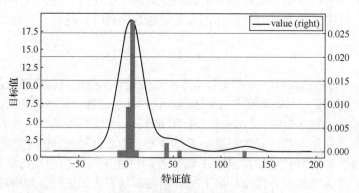

图 6-2　数据正态分布直方图

从图 6-2 中可以明显看出 127 超出了 3σ。代码如下：

```
import numpy as np
import pandas as pd
data = [0, 1, 2, 3, 6, 9, 7, 8, 6, 5, 4, 8, 6, 5, 7, 8, 9, 5, 6, 12, 3, 127, 3,
-9, 6, 5, 43, 2, 45, 6, 9, 8, 56]
df = pd.DataFrame(data, columns=['value'])
u = df['value'].mean()
std = df['value'].std()
print('均值为：%.3f，标准差为：%.3f' % (u, std))
error = df[np.abs(df['value'] - u) > 3 * std]
print("缺失值列表：\n{}".format(error))
```

输出结果：

```
均值为：12.758，标准差为：24.340
缺失值列表：
     value
21     127
```

在正态分布假设下，标准差法只适用于数据服从正态分布，且有较多组的情况，因此，在测量次数较少的情况下，最好使用其他方法。

2. 分位差法

3σ 原则对数据分布有一定限制，而分位差法并不限制数据分布，只会直观表现出数据分布的本来面貌。其识别异常值的结果比较客观，而且其判断以四分位数和四分位间距为标准，多达 25% 的数据可以变得任意远而不会很大地扰动四分位数，其表现形式为箱形图，如图 6-3 所示。

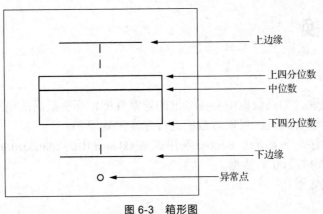

图 6-3　箱形图

代码如下：

```python
import pandas as pd
data = [0, 1, 2, 3, 6, 9, 7, 8, 6, 5, 4, 8, 6, 5, 7, 8, 9, 5, 6, 12, 3, 127, 3,
-9, 6, 5, 43, 2, 45, 6, 9, 8, 56]
df = pd.DataFrame(data, columns=['value'])
df = df.iloc[:, 0]
q25 = df.quantile(q=0.25)
q75 = df.quantile(q=0.75)
lw = q25 - 1.5 * (q75 - q25)
uw = q25 + 1.5 * (q75 - q25)
yc = df[(df > uw) | (df < lw)]
result = pd.DataFrame({'value': yc})

print("异常值列表：\n{}".format(result))
```

输出结果：

```
异常值列表：
        value
19      12
21      127
23      -9
26      43
28      45
32      56
```

可以看到分位差法的异常值分析更符合我们的思维。

在数据预处理过程中，异常值分析是保证数据质量的前提，但是否剔除异常值需视具体情况而定。异常值处理方法如表 6-1 所示。

表 6–1　　　　　　　　　　　　　　异常值处理方法

异常值处理方法	方法描述
不处理	对异常值不进行处理，直接在原数据集上进行建模
删除	将含有异常值的数据删除
视为缺失值	将含有异常值的数据当作缺失值，然后用处理缺失值的方法进行处理
平均值法	通过对相邻的数据取平均值处理

6.2　数据变换

6.2.1　无量纲化

对于一组数据来说，如果数据中存在少量的异常数据，那么最后的结果可能会产生一些偏差，为了尽可能减小这种偏差，可以对数据进行标准化处理。

常用的标准化方法是 z-score。z-score 利用的是 sklearn 中的 StandardScaler，将离散的数据转化为标准差为 1、均差为 0 的数据。

具体的实现公式如下：

$$ave = \frac{1}{n}\sum_{i=1}^{n} x_i$$

$$X_i = \frac{x_i - ave}{\sigma}$$

$$\sigma = \sqrt{\frac{(x_1 - ave)^2 + (x_2 - ave)^2 + (x_3 - ave)^2 + \cdots}{n}}$$

其中，ave 代表特征的平均值（average），n 代表样本总量。

这样做的目的是将离散化的数据缩放，但由于该变化是线性的，数据转换之后不会影响原来数据的顺序，还可以优化结果。

代码实现如下。

先从 sklearn 库中的 preprocessing 中导入 StandardScaler：

```
from sklearn.preprocessing import StandardScaler
```

实例化 StandardScaler：

```
s = StandardScaler()

test_data = [[780,40],[700,51],[740,45],[810,66]]

standard_data = s.fit_transform(test_data)
```

输出：

```
print(standard_data)
```

输出结果：

```
[[ 0.54272042 -1.07586259]
 [-1.38695219  0.05123155]
 [-0.42211588 -0.56354707]
 [ 1.26634765  1.58817811]]
```

6.2.2 归一化

在研究一些问题时，往往会遇到特征同等重要，但是特征的单位不同的情况，如果不对其进行处理，就可能对最终的结果造成相当大的影响。例如，已知身高和体重，要找出与某人体型相同的人。在这个问题中，身高和体重的单位是不相同的，而且彼此之间也不能相互转换，这时如果直接使用未经处理的数据集来预测和某人体型相同的人可能就会出现很大的偏差。所以要对数据进行归一化处理，将数据缩放到同一个区间内，使得每个特征对问题的影响是相同的。

常用的归一化的方法是极差变换法（min-max），即通过线性变换将数据映射到[0,1]，但由于它是线性变化，因此数据的排列顺序并没有改变。

数学公式：

$$X_i = \frac{x_i - min}{max - min}$$

其中，x_i 为特征值，min 为最小值，max 为最大值。

min-max 方法利用的是 sklearn 库中的 MinMaxScaler，具体的实现方法如下。

先从 sklearn 库中的 preprocessing 中导入 MinMaxScaler：

```
from sklearn.preprocessing import MinMaxScaler
```

实例化 MinMaxScaler：

```
s = MinMaxScaler()

test_data = [[110,23],[434,10],[121,55],[999,90]]

Minmax_data = s.fit_transform(test_data)
```

输出：

```
print(Minmax_data)
```

输出结果：

```
[[0.          0.1625    ]
 [0.36445444  0.        ]
 [0.01237345  0.5625    ]
 [1.          1.        ]]
```

从上述输出结果中可以看到，所有数据都转化为[0,1]内的数，使得数据可以更为方便地应用于所构建的模型。

6.2.3 离散化

离散化（又叫特征分箱）就是把无限空间中的有限个体映射到有限空间中。通俗地说，离散化就是在不改变数据相对大小的条件下，对数据进行相应的缩小，以此来提高算法的时空效率，避免一些冗余而又复杂的计算。

当数据只与它们之间的相对大小有关，而与具体大小无关时，就可以应用离散化。离散化根据数据输入的范围，将数据划分到一个个的区间（又叫箱子），由于只考虑数据之间的相对大小，因此可以赋给每个区间一个能表示区间大小关系的简单的数值，这样就可以将数据简化，从而简化计算，优化模型的拟合效果。

实现离散化利用的是 NumPy 库中的 linspace()函数和 digitize()函数。linspace()函数的作用就是对于给定的[*x,y*]区间和所需要的划分段数 *k*，将这个区间划分成 *k*-1 个子区间，而 digitize()函数的作用就是计算出数据所在的区间的位置。

首先导入 NumPy：

```
import numpy as np
```

假设 x 为数据：

```
x = [21, 10, 2, 44, 66, 99]
```

接下来用 linspace()划分 10 个区间：

```
bins = np.linspace(0,100,11)
print("bins: ",bins)
```

可以看到 bins 中的数值为：

```
bins:  [  0.  10.  20.  30.  40.  50.  60.  70.  80.  90. 100.]
```

大家肯定很好奇，为什么 np.linspace(0,100,11)中要填"11"而不是"10"，那么可以看一下如果 np.linspace(0,100,11)变为 np.linspace(0,100,10)会怎么样。

```
bins = np.linspace(0,100,11)
print("bins: ",bins)
```

此时的输出结果为：

```
bins:  [  0.          11.11111111  22.22222222  34.23333333  45.44444444  56.55555556
  7.66666667  78.77777778  89.88888889 100.         ]
```

linspace(x,y,z)中 *z* 的作用是创建 *z* 个元素，而不是创建 *z* 个区间。接下来用 NumPy 中的另一个函数 digitize()来计算 *x* 中每个元素所对应的区间的位置：

```
bins_position = np.digitize(x,bins = bins)
print("\nThe positions of datas in x :\n",bins_position)
```

可以看到输出结果为：

```
The positions of datas in x:
 [ 3  2  1  5  7 10]
```

特别对于一些定性数据，无法划定其所处区间，而且机器学习是无法直接使用定性特征的，需要将定性特征转化成定量特征，这样才能用于机器学习。例如学习成绩，如果只关心学生的学习成绩是"及格"还是"不及格"，学习成绩就是一个定性特征。不妨用"0"代替"不及格"，用"1"代替"及格"，那么所有数据可以用"0"和"1"来代替了。这样做就不必存储一些无关特征，例如学生的成绩（低于 60 分全为 0，高于等于 60 分全为 1），极大地节省了空间并且减少了计算量。这样的操作又叫二值化。

二值化利用的是 sklearn 库中 preprocessing 的 Binarizer()函数。Binarizer()函数的作用是对于一个给定的阈值（threshold），将大于这个阈值的数值变成 1，小于等于这个阈值的数值变成 0，从而将整体数据二值化。

$$X_i = \begin{cases} 1, x_i > \text{threshold} \\ 0, x_i \leqslant \text{threshold} \end{cases}$$

代码实现如下。

先从 sklearn.preprocessing 库中导入 Binarizer()：

```
from sklearn.preprocessing import Binarizer
```

接下来用 Binarizer() 对数据进行二值化：

```
x = [[1, 1], [21, 12], [11, 1], [102, 211], [43, 95]]

x_trans = Binarizer(threshold=35).fit_transform(x)

print("x_trans: \n", x_trans)
```

输出结果：

```
x_trans:
 [[0 0]
 [0 0]
 [0 0]
 [1 1]
 [1 1]]
```

6.2.4　对分类特征进行编码

对于"性别""城市"和"日期"等定性特征，所构建的模型是无法对其直接使用的。对于"城市"这个特征而言，可能有"北京""上海""杭州"和"济南"等多个值，但是对某一个确定的人而言，该特征就只有一个确定的值。而且在对数据进行处理的时候也不可能直接将数据存成"北京""上海""济南"等。那在机器学习中这种定性特征该如何参与运算呢？对于"性别""城市"和"日期"等定性特征，可以对它进行分类，例如"性别"，就可以将其分成两个特征，分别为"男性"和"女性"，将"男性"记为"1"，"女性"记为"0"。因此，对于某一个定性特征，可以将其分为 N 类，每一类作为一个新特征，新特征的取值是"0"或"1"，这样做就可以将机器无法直接处理的定性特征转化成能直接处理的定量特征。

1. one-hot 编码

到目前为止，表示分类特征最常用的方法是 one-hot 编码，又称虚拟变量。其中心思想是，对于一个定性特征（分类特征），可以将其转化成一个或多个新的特征来替代原来的特征，新特征的取值为"0"或"1"。对于单独的数据而言，由原来的分类特征转化成的 N 个新特征的取值只有 1 个为"1"，其余的 $N-1$ 个特征的取值都为"0"。

one-hot 编码的实现要利用 sklearn 库中 preprocessing 中的 OneHotEncoder()。OneHotEncoder() 的作用就是创建 $N-1$ 个新特征，新特征的取值为 0，而原先已有的特征取值为 1。

one-hot 编码实现方式如下。

首先从 sklearn.preprocessing 库中导入 OneHotEncoder()：

```
from sklearn.preprocessing import OneHotEncoder
```

通常情况下，数据都是存放在 array 数组中的，所以还需要导入 NumPy，这样可以使运算速度变快。当然也可以不导入 NumPy，直接使用列表。

```
import numpy as np
```

接下来以"国家"这个定性特征作为一个例子（由于篇幅所限，只列举几个国家）：

```
data = np.array([["China"],["USA"],["Japan"],["France"],["Australia"]])
```

然后对 data 进行 one-hot 编码：

```
data_OHE = OneHotEncoder(sparse = False).fit_transform(data)
print(data_OHE)
```

输出结果：

```
[[0. 1. 0. 0. 0.]
 [0. 0. 0. 0. 1.]
 [0. 0. 0. 1. 0.]
 [0. 0. 1. 0. 0.]
 [1. 0. 0. 0. 0.]]
```

one-hot 编码是按字典序进行编码的，所以可以看到输出的第 1 行（China）所对应的第 1 列不为 1。由于 Australia 的首字母在 China 的首字母之前，因此 China 排在第 2 位，即第 1 行对应的第 2 列为 1。

可能有读者会问 OneHotEncoder() 的圆括号里 "sparse = False" 是什么意思，在英语中 "sparse" 是 "稀疏" 的意思，而在 Python 中 "sparse" 则是 "稀疏矩阵" 的意思。运用稀疏矩阵的目的就是将矩阵用更为简洁和易于表示的形式表示出来，同样也是为了简化计算。

可以看一下如果不加 "sparse = False" 会怎么样：

```
data_OHE = OneHotEncoder().fit_transform(data)
print(data_OHE)
```

输出结果：

```
(0, 1)
1.0
(1, 4)
1.0
(2, 3)
1.0
(3, 2)
1.0
(4, 0)
1.0
```

这里 (0,1) 代表着 "China" 位于第 1 行第 2 列，且矩阵的值为 1。这与上述矩阵是等价的，只是稀疏矩阵忽略了值为 0 的元素的存储。

OneHotEncoder() 完整代码如下：

```
import numpy as np
from sklearn.preprocessing import OneHotEncoder

data = np.array([["China"], ["USA"], ["Japan"], ["France"], ["Australia"]])

data_OHE = OneHotEncoder(sparse = False).fit_transform(data)
#data_OHE = OneHotEncoder().fit_transform(data)

print(data_OHE)
```

2. LabelEncoder 编码

当然，对分类特征进行编码的方式肯定不止 one-hot 编码这一种，one-hot 编码只适用于不关心特征的取值的情况，如果定性特征的取值不能忽略，就不能使用 one-hot 编码将特征简单地赋值成 0 和 1，这样做是没有任何意义的。例如"尺码"这个定性特征，"尺码"特征可以取"L""XL""XXL"等，这时如果用 one-hot 编码将其转化成 0 和 1，那么得出的结果将没有任何意义。所以可以使用另一种编码方式 LabelEncoder。

LabelEncoder 的实现利用了 sklearn 库中 preprocessing 中的 LabelEncoder()。LabelEncoder() 的作用是对不连续的文本或数字进行编号，假如一个定性特征可以分成 N 个新特征，而且新特征的取值是有要求的，这时就可以使用 LabelEncoder() 将 N 个新特征分别赋值为[0,N-1]，从而不影响新特征之间的关系。

代码实现如下。

首先应该从 sklearn.preprocessing 中导入 LabelEncoder()：

```
import numpy as np
from sklearn.preprocessing import LabelEncoder
```

实例化 LabelEncoder()：

```
LE = LabelEncoder()

data = np.array([["M"],["L"],["XL"],["XXL"],["XXXL"]])

data_LE = LE.fit_transform(data)
print(data_LE)
```

输出结果：

```
[1 0 2 3 4]
```

这里，LabelEncoder() 首先对 data 中的元素按照字典序进行排列，然后依次累加。细心的读者其实已经观察到了，LabelEncoder() 默认返回的不是稀疏矩阵，这也是 LabelEncoder() 与 OneHotEncoder() 的不同之处。

LabelEncoder() 完整代码如下：

```
import numpy as np
from sklearn.preprocessing import LabelEncoder

LE = LabelEncoder()

ndata = np.array([["M"],["L"],["XL"],["XXL"],["XXXL"]])

data_LE = LE.fit_transform(ndata)

print(data_LE)
```

或者也可以用 pandas 进行 one-hot 编码，这里比用 sklearn 进行 one-hot 编码会简单得多。pandas 进行 one-hot 编码用的是 get_dummies()（会创建虚拟变量）。

例如下面的数据：

```
     Sex
0    Male
1    Male
2    Female
3    Female
4    Male
```

对其进行 one-hot 编码：

```
import pandas as pd
Sex = pd.get_dummies(Sex)
```

输出结果：

```
     sex_Female   sex_Male
0    0            1
1    0            1
2    1            0
3    1            0
4    0            1
```

当然，one-hot 编码也可以对数字进行编码，但要确保该数字是定性特征而不是定量特征。特别指出，利用 pandas 中的 get_dummies()和 sklearn 库中的 OneHotEncoder()都可以对数字进行编码，但不同的是，get_dummies()认为所有的数字都是连续（非离散）的，在进行编码的时候并不会为其创建虚拟变量。如果想解决这个问题，可以把数字转换成字符串再进行 one-hot 编码。而 OneHotEncoder()则需要指定哪些数字是连续的，哪些数字是离散的。例如下面这一组数据：

```
     quality   sex
0    3         Male
1    1         Male
2    1         Female
3    2         Female
4    3         Male
5    3         Female
6    2         Female
7    3         Female
8    3         Male
9    2         Female
```

其中，quality（质量）是定性特征，那么要对其进行编码，首先就要将其转化成字符，再进行编码：

```
df['quality'] = df['quality'].astype(str)
df = pd.get_dummies(df, columns = ['quality', 'sex'])
```

输出结果：

```
     quality_1   quality_2   quality_3   sex_Female   sex_Male
0    0           0           1           0            1
1    1           0           0           0            1
2    1           0           0           1            0
3    0           1           0           1            0
4    0           0           1           0            1
5    0           0           1           1            0
6    0           1           0           1            0
7    0           0           1           1            0
8    0           0           1           0            1
9    0           1           0           1            0
```

6.2.5 多项式特征

对一个数据集而言通常会有多个特征，但是有时候直接使用这些特征对问题进行分析，得出的结果可能会令人不太满意。而如果对这些特征进行处理（如平方、开方、加、减、乘、除等操作）就会构成一些新的特征，生成的这些新的特征即为这些特征的有机组合。如果使用数据集中的特征所构建的模型对问题的求解效果不够理想，那么将一些特征进行结合或对其本身进行操作使其构成一些新的特征，再将其用于问题的求解，可能会得到想要的结果。

为了更好地展示多项式特征，使用 Python 以 $y = x^2 - 2x + 1 + \ln x$ 这个函数构造一组数据，并且用多项式来拟合：

```python
import numpy as np
import math
import random
import matplotlib.pyplot as plt
x = np.random.uniform(0.01, 2.5, 100)
x = x.reshape(-1, 1)
y = [i**2 - 3*i + random.uniform(-0.25, 0.25) + math.log(i) for i in x]
plt.scatter(x, y)
plt.show()
```

输出结果如图 6-4 所示。

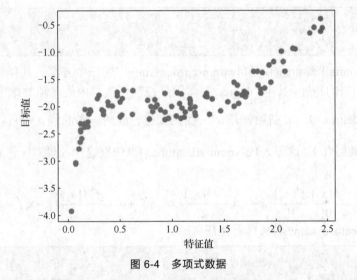

图 6-4　多项式数据

通过图 6-4 可以看出，y 和 x 的关系并不是线性的，如果这时直接用线性回归进行拟合：

```python
from sklearn.linear_model import LinearRegression
log = LinearRegression()
log.fit(x, y)
plt.plot(x, log.predict(x), '-r')
plt.show()
```

输出结果如图 6-5 所示。

通过图 6-5 可以看到线性回归拟合的效果并不是很好，有很大的误差，几乎大部分的点都不在直线上。因此，这时候可以尝试添加一个新特征——x^2。

那么如何添加新特征呢？有以下两种方法。

① 手动添加，代码如下：

```python
new_x = np.hstack([x, x**2]).reshape(-1, 1)
```

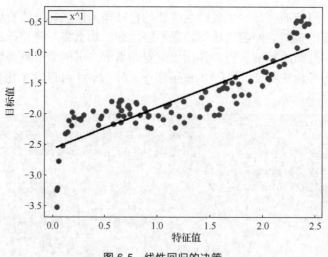

图 6-5　线性回归的决策

② 利用 sklearn 自动添加，代码如下：

```
from sklearn.preprocessing import PolynomialFeatures
pf = PolynomialFeatures(degree = 2)
new_x = pf.fit_transform(x)
```

这里，PolynomialFeatures()是 sklearn.preprocessing 中的一个方法，其作用是对数据进行预处理，给数据添加新的特征。其中，degree 的作用是控制多项式中最高项的维度，例如 degree=3，最高项就是 x^3；degree=9，最高项就是 x^9。我们知道，任何一条曲线，都可以用多项式来进行近似拟合（即泰勒展开）。这里，PolynomialFeatures()也依据这个原理对 x 进行变形。

泰勒展开：

$$f(x) = \frac{f(x_0)}{0!}\frac{f'(x_0)}{1!}(x-x_0) + \frac{f''(x_0)}{2!}(x-x_0)^2 + \cdots + \frac{f^{(n)}(x_0)}{n!}(x-x_0)^n + R_n(x)$$

可以用 get_feature_names()来查看特征名称：

```
print(new_x)

print(pf.get_feature_names())
```

输出结果：

```
[[1.00000000e+00 4.18729590e-01 1.08063143e-01]
 [1.00000000e+00 8.93722174e-01 7.29994890e-01]
 [1.00000000e+00 1.82388655e+00 4.22656213e+00]
 [1.00000000e+00 2.08481528e+00 5.34645476e+00]
 [1.00000000e+00 9.27258967e-01 7.84357399e-01]
 ...
 [1.00000000e+00 2.45741434e+00 7.03888522e+00]
 [1.00000000e+00 2.43743638e+00 6.94109609e+00]
 [1.00000000e+00 8.27572788e-01 6.29362162e-01]]
['1', 'x0', 'x0^2']
```

由于数据的篇幅较长，因此这里只展示开头和结尾的一小部分数据。可以看到，x 中的各项都与 get_feature_names()中的特征名称相对应。

下面来看新添加 x^2 这一项后线性回归的拟合情况。代码如下：

```
from sklearn.preprocessing import PolynomialFeatures
pf = PolynomialFeatures(degree = 2)
new_x = pf.fit_transform(x)
log.fit(new_x, y)
fit_x = np.linspace(start = 0.01, stop=2.5, num = 100).reshape(-1, 1)
plt.scatter(x, y,)
plt.plot(fit_x, log.predict(pf.fit_transform(fit_x)), 'b-')
plt.show()
```

输出结果如图 6-6 所示。

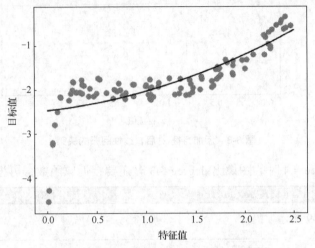

图 6-6　添加特征 x^2 后，线性回归的决策

根据图 6-5 和图 6-6 的对比，可以看到新添加 x^2 的曲线的拟合效果要好于原始数据曲线的效果，但还是不尽如人意。因此接下来将维度调整为 3，也就是多项式的最高项为 x^3：

```
pf = PolynomialFeatures(degree = 3)
```

输出结果如图 6-7 所示。

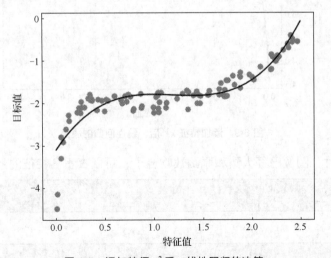

图 6-7　添加特征 x^3 后，线性回归的决策

接下来把维度调整为 4：

```
pf = PolynomialFeatures(degree = 4)
```

输出结果如图 6-8 所示。

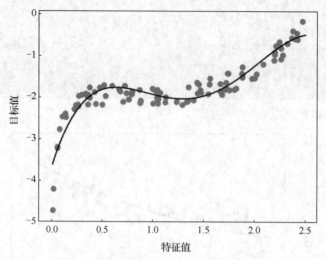

图 6-8 添加特征 x^4 后，线性回归的决策

可以看到，degree = 4 时的图像比 degree = 3 时还要接近原函数，再把 degree 调整为 12：

```
pf = PolynomialFeatures(degree = 12)
```

输出结果如图 6-9 所示。

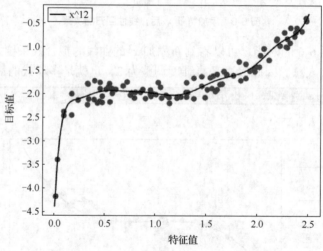

图 6-9 添加特征 x^{12} 后，线性回归的决策

当 degree=12 时，图像已经大致和原函数吻合了，可以查看各特征的系数和截距：

```
print("coef_: \n{}".format(log.coef_))
print("intercept_: \n{}".format(log.intercept_))
```

输出结果：

```
coef_:
[ 0.00000000e+00  7.71971599e+01 -5.11785383e+02  1.38705360e+03
 -2.83422186e+03  3.64848059e+03 -2.95503786e+03  1.41331401e+03
 -2.90640697e+02 -7.14928149e+01  6.29239975e+01 -1.24025568e+01
  1.05724726e+00]
```

```
intercept_:
-7.441312018563345
```

用 R^2 决定系数检验拟合的效果，R^2 决定系数在后面章节会有介绍：

```
from sklearn.metrics import r2_score

print("R2-score: {}".format(r2_score(y, log.predict(pf.fit_transform(x)))))
```

输出结果：

```
R2-score: 0.9461278631787718
```

degree = 12 时，R2-score ≈ 0.95，相对来说这是非常不错的精度了。因此如果搜集到的数据特征比较少或者去除冗余特征后特征数量稀少，或者拟合效果令人不太满意，都可以尝试用多项式特征来扩充特征数量。

6.3 数据归约

在对大的数据集进行处理的时候，数据分析和挖掘需要花费很长时间，因此可以先对数据进行归约。数据归约能产生属性值很少但保持原数据完整性的数据集，然后在归约后的数据集上进行操作，这样能够降低成本，减少无效性，提高建模的准确性。

数据归约主要有两种方法，属性归约和数值归约。

（1）属性归约是指寻找少量且具有代表性的属性，并确保新数据子集的概率分布尽可能地接近原来数据集的概率分布。这样将大大缩短数据挖掘所需的时间。属性归约的常用方法如表 6-2 所示。

表 6-2　　　　　　　　　　　　　属性归约的常用方法

属性归约的常用方法	方法描述
合并属性	通过将旧的属性合并成新的属性达到归约
PCA	用较少的变量去解释原始数据中的大部分变量，即将许多相关性很高的变量转化成彼此相互独立或不相关的变量
决策树归纳	对初始数据集构建决策树，没有出现在决策树上的属性均可被认为是无关属性
逐步向前选择	从一个空属性子集开始，每次从原来属性集合中选择一个当前最优的属性添加到当前属性子集中，直到无法选择出最优属性或满足一定阈值约束为止
逐步向后删除	从一个全属性集开始，每次从当前属性子集选择一个当前最差属性从当前属性子集中删除。直到无法选择出最差属性为止或满足一定阈值约束为止

PCA 是属性归约的一种常用方法，当自变量之间不相互独立时，PCA 能够将自变量变换成独立的成分，在自变量太多的情况下，PCA 能够降维。PCA 是一种经常使用的、辅助性的分析方法。下面利用 PCA 进行数据归约的操作：

```
from sklearn.decomposition import PCA
from sklearn.datasets import make_blobs
X,y = make_blobs(n_samples=2000,n_features=12,cluster_std=2.0)
pca = PCA(n_components=3)
pca.fit(X)

print("模型的各个特征向量:\n{}".format(pca.components_))

print("\n各个成分各自的方差百分比:\n{}".format(pca.explained_variance_ratio_))
```

输出结果：

```
模型的各个特征向量：
[[ 0.15227353  0.03135506  0.37188414 -0.24827093  0.04183763 -0.28984075
   0.13868459 -0.32359733 -0.36730895  0.58329492  0.06472244 -0.29470127]
 [-0.44017194  0.18931223 -0.43346707 -0.26903822  0.38705278 -0.48081762
  -0.24216479 -0.15809208 -0.00686474 -0.08967923  0.18051725 -0.06946927]
 [ 0.04915523 -0.37067888 -0.23993695  0.10712916 -0.26412833 -0.23919389
  -0.37128641  0.49077312 -0.42757886  0.07014626 -0.13655808 -0.28116349]]

各个成分各自的方差百分比：
[0.5823095  0.29112571 0.01391746]
```

（2）数值归约也是数据归约的一种方式，它主要通过选择替代的、较少的数据减少数据量来实现归约，包括有参数方法和无参数方法。

有参数方法使用一个模型来评估数据，只需存放参数，而无须存放实际数据，如参数回归、简单线性模型和对数线性模型，它们可以用来近似描述给定的数据，其中简单线性模型和对数线性模型对数据建模，以拟合出一条直线。无参数方法则需要存放实际数据，包括直方图、聚类、抽样等。

6.4　小结

本章是对数据预处理方法的介绍，数据预处理的方法有数据清洗、数据变换和数据归约等。

数据清洗通过补全缺失值、光滑噪声、识别异常值，并纠正数据中的不一致等技术来进行，可以分为缺失值处理和异常值处理。

数据变换将数据转换为适用于机器学习的形式。常用的数据转换方法包括无量纲化、离散化、对分类特征编码、多项式特征等方法。

数据归约主要有属性归约和数值归约两种方法。属性归约主要通过合并属性、PCA、决策树归纳、逐步向前选择和逐步向后分析等方法进行操作，数值归约主要通过有参数方法和无参数方法对数据进行操作。

习题 6

1. 为什么要对数据进行数据清洗？数据清洗包括哪些内容？
2. 缺失值处理有几种方法？在对数据进行清洗的时候如何选择这些方法？
3. 异常值处理有几种方法？在对数据进行清洗的时候如何选择这些方法？
4. 在对数据进行处理的时候如何选择数据变换的方法？
5. PCA 的特点是什么？

第7章　特征工程

在现实的数据集中，数据往往不是那么完美，需要进行数据预处理和特征工程。数据预处理和特征工程都是对数据的处理，只不过数据预处理对数据进行归一化、离散化、缺失值处理、去除共线性等，而特征工程通过特征提取、特征选择、降维等把数据处理成可更直接地被使用的数据。原始的数据，如果不加以处理，直接用于机器学习，那么最后得出的结果可能会令人不太满意。"数据和数据特征决定了机器学习的上限，而模型和算法只用于逼近这个上限而已"，对于一种确定的算法，数据的优劣可能直接决定了算法最终的效果，而这里的数据则是经过特征工程处理得到的数据。特征工程是指将所收集到的原始数据通过一系列的处理转化成适合所构建的模型的训练数据，从而使算法最终的结果不断逼近上限，提高模型的性能。

7.1　特征提取

前文介绍了特征提取前的数据预处理等方面的工作，接下来将对如何进行特征提取这个问题进行深入探讨。

特征提取主要包括字典特征提取、文本特征提取和图像特征提取这 3 个方面。"万物皆可为特征"，因此特征的种类和数量无穷无尽。针对不同种类的特征采取不同的特征提取方法，往往会对问题的研究有所帮助。

7.1.1　字典特征提取

如果要对所需要的数据进行特征提取，但这些数据恰巧都被单独存储在一个字典里，例如学生的成绩、城市的交通数据、书籍的书号等。如果对这些数据进行直接提取，那么过程会非常复杂。特别是当数据量非常大的时候，稍有不慎，提取出的数据就可能会出错，导致研究的问题出现错误的结果。

这时可以借助 sklearn 库的 feature_extraction 中的 DictVectorizer()（字典矢量器）。DictVectorizer()的作用是对特征进行特征值化，即保留连续特征并为离散特征创建虚拟变量。

例如以下数据（随机数据）：

```
{'name': 'gxml', 'sex': 'Female', ' score': 61}
{'name': 'ecnk', 'sex': 'Male', ' score': 50}
{'name': 'selq', 'sex': 'Male', ' score': 83}
{'name': 'pjow', 'sex': 'Male', ' score': 67}
{'name': 'ziqi', 'sex': 'Male', ' score': 19}
{'name': 'tqub', 'sex': 'Female', ' score': 64}
{'name': 'vcms', 'sex': 'Female', ' score': 64}
{'name': 'oigc', 'sex': 'Male', ' score': 71}
{'name': 'jlim', 'sex': 'Male', ' score': 62}
{'name': 'itau', 'sex': 'Male', ' score': 68}
```

这是随机构建的一组关于学生成绩的随机数据（在此省略构造数据的过程）。可以看到，每一个学生的信息都被存放在一个单独的字典里。因此，首先将所有学生的信息都存放在一个列表中（即转化成字典列表），然后就可以用 DictVectorizer() 方法对其进行特征提取。

由于 DictVectorizer() 默认返回的是一个稀疏矩阵，为了使输出结果更直观，将 sparse 的值设置为 False：

```
from sklearn.feature_extraction import DictVectorizer

dv = DictVectorizer(sparse = False)
new = dv.fit_transform(dit)
print(new)
print(dv.get_feature_names())
```

其中 dit 中存放的是由每个学生信息所构成的字典列表。输出结果：

```
[[61.  0.  1.  0.  0.  0.  0.  0.  0.  0.  0.  1.  0.]
 [50.  1.  0.  0.  0.  0.  0.  0.  0.  0.  0.  0.  1.]
 [83.  0.  0.  0.  0.  0.  1.  0.  0.  0.  0.  0.  1.]
 [68.  0.  0.  0.  0.  1.  0.  0.  0.  0.  0.  0.  1.]
 [19.  0.  0.  0.  0.  0.  0.  0.  0.  1.  0.  0.  1.]
 [65.  0.  0.  0.  0.  0.  0.  1.  0.  0.  1.  0.]
 [65.  0.  0.  0.  0.  0.  0.  0.  1.  0.  1.  0.]
 [71.  0.  0.  0.  0.  1.  0.  0.  0.  0.  0.  0.  1.]
 [62.  0.  0.  1.  0.  0.  0.  0.  0.  0.  0.  0.  1.]
 [69.  0.  0.  1.  0.  0.  0.  0.  0.  0.  0.  0.  1.]]
[' score', 'name=ecnk', 'name=gxml', 'name=itau', 'name=jlim', 'name=oigc',
'name=pjow', 'name=selq', 'name=tqub', 'name=vcms', 'name=ziqi', 'sex=Female',
'sex=Male']
```

在这里可以看到，输出结果中的每一行即为一个学生的信息，例如第 1 行的学生的姓名是"gxml"，性别是"Female"，成绩是"61"分。

7.1.2 文本特征提取

在特征提取中，文本特征提取所占有的地位非常重要。文字是人类文化传承的重要载体之一，如果想在机器学习领域中有所建树，那么掌握文本特征提取便是必不可少的技能之一。

文本是由单词、短语和句子组成的自由化的组合，其形式多种多样，但总是可以被转换为结构化数据特征。通过文本特征提取，可以分析两段不同文本间的相似度，还可以提取整篇文章的关键词和主题，也可以对文章进行感情色彩分析等。

但是，在进行文本特征提取时，首先要对文本进行预处理，使得所提取的特征能更好地被使用。对文本的预处理方法主要有删除特殊字符（即非字母或数字的字符）、删除停止词（即意义不大却出现频率较高的一类词，例如，"a""an""the""of"等）、扩展缩略语（将单词或音节转换成对应的缩写形式，使得文本更为标准化，例如将"are not"转换成"aren't"）和词根提取与词根还原（即将表示同一个意思的单词转换成对应的词根形式进行存储，使得文本更为标准化，同时也可节约存储空间，例如，"beauty""beautiful""beautifully"都表示漂亮、美丽的意思，因此只需对"beauty"进行存储，就可以将所要表达的意思记录下来）等。

例如，对下面的一段短文进行文本特征提取。

> Spiders are not insects, as many people think, nor even nearly related to them. One can tell the difference almost at a glance, for a spider always has eight legs and insect never more than six. How many spiders are engaged in this work no our behalf? One authority on spiders made a census of the spiders in grass field in the south of England, and he estimated that there were more than 2250000 in one acre; that is something like 6000000 spiders of different kinds on a football pitch.

首先，要将这一段短文输入，并利用正则表达式将其分割：

```
import re

s = input()

s s = re.sub(r'\,|\.', ' ', s)

s = re.sub(r'[0-9]', ' ', s)

s = re.split(r'\s+', s)
```

输出结果：

```
sentences:
    ['Spiders', 'are', 'not', 'insects', 'as', 'many', 'people', 'think', 'nor',
'even', 'nearly', 'related', 'to', 'them', 'One', 'can', 'tell', 'the', 'difference',
'almost', 'at', 'a', 'glance', 'for', 'a', 'spider', 'always', 'has', 'eight', 'legs',
'and', 'insect', 'never', 'more', 'than', 'six', 'How', 'many', 'spiders', 'are',
'engaged', 'in', 'this', 'work', 'no', 'our', 'behalf?', 'One', 'authority', 'on',
'spiders', 'made', 'a', 'census', 'of', 'the', 'spiders', 'in', 'grass', 'field',
'in', 'the', 'south', 'of', 'England', 'and', 'he', 'estimated', 'that', 'there',
'were', 'more', 'than', 'in', 'one', 'acre;', 'that', 'is', 'something', 'like',
'spiders', 'of', 'different', 'kinds', 'on', 'a', 'football', 'pitch', '']
```

将这一整段短文分割成单词后，发现其中有一些单词是不需要的，例如"is""of"等，因此需对其进行一些处理，仅保留需要的单词：

```
    step_words = ['is', 'am', 'are', 'of', 'on', 'the', 'more', 'than', 'nor', 'and',
'this', 'these', 'that', 'those', 'not', 'as', 'can', 'at', 'a', 'an', 'for', 'to',
'nearly', 'almost', 'even', 'many', 'always', 'has', 'have', 'in', 'no', 'our', 'was',
'were']
```

根据预先设置好的停止词库来删除不需要的单词：

```
s = [' ' if i in step_words else i for i in s]
while ' ' in s:
    s.remove(' ')
```

输出结果：

```
    ['spiders', 'insects', 'people', 'think', 'related', 'them', 'one', 'tell',
'difference', 'glance', 'spider', 'eight', 'legs', 'insect', 'never', 'six', 'how',
'spiders', 'engaged', 'work', 'behalf?', 'one', 'authority', 'spiders', 'made',
'census', 'spiders', 'grass', 'field', 'south', 'england', 'he', 'estimated',
'there', 'one', 'acre;', 'something', 'like', 'spiders', 'different', 'kinds',
'football', 'pitch', '']
```

读者可能会认为这种处理方式非常麻烦，别担心，还有简单的处理方式，如果真的要对文章进行处理，还要用到 Python 中的 NLTK 库。NLTK 库是专门用来处理自然语言的工具，第 9 章将对其进行详细介绍。

（1）词袋模型

可以将文本装进词袋模型中去处理。词袋模型可以形象化地理解成把文本分成词，然后用一个"袋子"来装这些词，这种表现方式不考虑文法以及词的顺序。接下来将介绍 3 种词袋模型。

CountVectorizer 是 sklearn 库中 feature_extraction 中的一个常见的特征数值计数类，其作用是将文本转化成词频矩阵。代码如下：

```
from sklearn.feature_extraction.text import CountVectorizer

s = input()

s = re.sub(r'[0-9]', ' ', s)

s = re.split(r'\.|\,', s)

vec = CountVectorizer()

tmp= vec.fit_transform(s)
```

输出：

```
print(tmp)
```

这里得到的输出结果是一个稀疏矩阵，由于篇幅较长，这里只展示部分结果：

```
(0, 52)        1
(1, 4)         1
(2, 40)        1
(3, 28)        1
(4, 5)         1
(5, 34)        1
(6, 45)        1
  : :
(82, 12)       1
(83, 30)       1
(84, 42)       1
(86, 19)       1
(87, 46)       1
```

还可以查看这些特征的名字：

```
print(vec.get_feature_names())
```

输出结果：

```
['acre', 'almost', 'always', 'and', 'are', 'as', 'at', 'authority', 'behalf',
'can', 'census', 'difference', 'different', 'eight', 'engaged', 'england',
'estimated', 'even', 'field', 'football', 'for', 'glance', 'grass', 'has', 'he',
'how', 'in', 'insect', 'insects', 'is', 'kinds', 'legs', 'like', 'made', 'many',
'more', 'nearly', 'never', 'no', 'nor', 'not', 'of', 'on', 'one', 'our', 'people',
'pitch', 'related', 'six', 'something', 'south', 'spider', 'spiders', 'tell', 'than',
'that', 'the', 'them', 'there', 'think', 'this', 'to', 'were', 'work']
```

还可以查看生成的字典，其中 key 代表特征名称，value 代表特征在文本中出现的次数：

```
print(vec.vocabulary_)
```

输出结果：

```
{'spiders': 52, 'are': 4, 'not': 40, 'insects': 28, 'as': 5, 'many': 34, 'people':
45, 'think': 59, 'nor': 39, 'even': 17, 'nearly': 36, 'related': 47, 'to': 61, 'them':
57, 'one': 43, 'can': 9, 'tell': 53, 'the': 56, 'difference': 11, 'almost': 1, 'at':
6, 'glance': 21, 'for': 20, 'spider': 51, 'always': 2, 'has': 23, 'eight': 13, 'legs':
31, 'and': 3, 'insect': 27, 'never': 37, 'more': 35, 'than': 54, 'six': 48, 'how':
25, 'engaged': 14, 'in': 26, 'this': 60, 'work': 63, 'no': 38, 'our': 44, 'behalf':
8, 'authority': 7, 'on': 42, 'made': 33, 'census': 10, 'of': 41, 'grass': 22, 'field':
18, 'south': 50, 'england': 15, 'he': 24, 'estimated': 16, 'that': 55, 'there': 58,
'were': 62, 'acre': 0, 'is': 29, 'something': 49, 'like': 32, 'different': 12, 'kinds':
30, 'football': 19, 'pitch': 46}
```

其实，对于英文文本，CountVectorizer 可以删除文本中的停止词，省去了构建一个个停止词库的麻烦：

```
vec = CountVectorizerr(stop_words = 'english')
```

可以查看删除停止词后的特征：

```
['acre', 'authority', 'behalf', 'census', 'difference', 'different', 'engaged',
'england', 'estimated', 'field', 'football', 'glance', 'grass', 'insect', 'insects',
'kinds', 'legs', 'like', 'nearly', 'people', 'pitch', 'related', 'south', 'spider',
'spiders', 'tell', 'think', 'work']
```

当然，也可以不用稀疏矩阵的形式查看特征，它不利于观察，可以将其转化成普通矩阵：

```
print(tmp.toarray())
```

输出结果：

```
[[0 0 0 0 0 0 0 0 0 0 0 1 0 0 0 0 0 0 0 0 0 0 1 0 0 0]
 [0 0 0 0 0 0 0 0 0 0 0 0 0 0 0 0 1 0 0 0 0 0 0 0 1 0]
 [0 0 0 0 0 0 0 0 0 0 0 0 0 0 0 1 0 0 1 0 0 0 0 0 0 0]
 [0 0 0 1 0 0 0 0 0 1 0 0 0 0 0 0 0 0 0 0 0 0 0 1 0 0]
 [0 0 0 0 0 0 0 0 1 0 0 1 0 0 0 0 0 0 0 1 0 0 0 0 0 0]
 [0 1 1 1 0 0 1 1 0 1 0 0 1 0 0 0 0 0 0 0 0 1 0 3 0 0 1]
 [1 0 0 0 1 0 0 1 0 0 0 1 0 1 0 0 1 0 0 0 1 0 0 0 0]
 [0 0 0 0 0 0 0 0 0 0 0 0 0 0 0 0 0 0 0 0 0 0 0 0 0]]
```

计算词频：

```
print(tmp.toarray().sum(axis = 0))
```

输出结果：

```
[1 1 1 1 1 1 1 1 1 1 1 1 1 1 1 1 1 1 1 1 1 1 1 5 1 1 1]
```

（2）N-Grams 袋模型

N-Grams 袋模型是词袋模型的一个扩展，被用来统计按顺序出现的单词或短语的出现频率。N-Grams 的初始模型是一个 $m×n$ 的矩阵，m 表示文档的数量，n 表示短语的长度。例如，调查一个由 3 个单词组成的短语在文章中的出现频率，就可以通过设置 CountVectorizer 中的 ngram_range =(3, 3)来实现。但是要注意，N-Grams 统计的是文章中删除停止词后连续的单词。代码如下：

```
from sklearn.feature_extraction.text import CountVectorizer
s = ['The accident resulted in the death of four people','People strongly blame
the person who caused the accident']
```

133

```
    cc = CountVectorizer(stop_words = 'english')
    tmp = cc.fit_transform(s)
    cc = CountVectorizer(ngram_range = (2, len(cc.vocabulary_)), stop_words =
'english')
    s = cc.fit_transform(s)
    print(s.toarray())
    print(len(cc.vocabulary_))
    print(cc.vocabulary_)
```

输出结果：

```
[[1 1 1 0 0 0 0 1 0 0 0 0 0 0 0 1 1 0 0 0 0]
 [0 0 0 1 1 1 1 0 1 1 1 1 1 1 1 0 0 1 1 1 1]]
21
{'accident resulted': 0, 'resulted death': 15, 'death people': 7, 'accident
resulted death': 1, 'resulted death people': 16, 'accident resulted death people':
2, 'people strongly': 8, 'strongly blame': 17, 'blame person': 3, 'person caused':
13, 'caused accident': 6, 'people strongly blame': 9, 'strongly blame person': 18,
'blame person caused': 4, 'person caused accident': 14, 'people strongly blame
person': 10, 'strongly blame person caused': 19, 'blame person caused accident': 5,
'people strongly blame person caused': 11, 'strongly blame person caused accident':
20, 'people strongly blame person caused accident': 12}
```

（3）TF-IDF 模型

TF-IDF 模型被用来解决文章中某些出现频率较小的词语被出现频率较大的词语掩盖的问题，是信息检索和自然语言处理领域中不可或缺的模型之一。举个例子，有一篇大量谈论 A 喜欢吃什么的文章，要从中提取 A 这个人喜欢吃的都有什么。假设 A 喜欢吃烤鸭、白菜、油条、豆浆、西红柿和馒头，且 A 顿顿都吃馒头。所以在这篇文章中，通常馒头这个词语出现的频率会高于其他几个词语出现的频率。那么，在文章足够多的情况下，可能馒头这个词语出现的频率会高达 99%，从而认为馒头是 A 喜欢吃的，而烤鸭、白菜等被作为干扰项而排除。其计算方法为：

$$S(x) = \text{TF}(x) \cdot \text{IDF}(x)$$

其中，S 代表词语 x 的得分，$\text{TF}(x)$ 代表词语 x 的词频，$\text{IDF}(x)$ 代表逆向文档频率。

逆向文档频率（inverse document frequency，IDF）是词语普遍重要性的度量，计算方法为：

$$\text{IDF}(x) = \log \frac{T}{T(x)}$$

其中，T 代表文章总数量，$T(x)$ 代表含有词语 x 的文章数量。

但是，如果 $T(x)=0$，就会使 $\text{IDF}(x)$ 变得没有意义。所以，还要对 $\text{IDF}(x)$ 做平滑处理。

常见的 $\text{IDF}(x)$ 平滑处理公式：

$$\text{IDF}(x) = \log \frac{T+1}{T(x)+1} + 1$$

以下面这段话为例：

```
    Xiao ming lives in Beijing.
    He goes to school in Beijing.
    Xiao qiang is Chinese.
    Xiaomei lives in America.
```

代码如下：

```
    from sklearn.feature_extraction.text import TfidfVectorizer
    import re
```

```
s = input()

s = re.sub(r'[0-9]', ' ', s)

s = re.split(r'\.|\,', s)

Tf = TfidfVectorizer(stop_words = 'english')

tmp = Tf.fit_transform(s)

print(Tf.get_feature_names())
print(tmp.toarray())
```

输出结果：

```
['america', 'beijing', 'chinese', 'goes', 'lives', 'school', 'xiaomei',
'xiaoming', 'xiaoqiang']
[[0.          0.52640543 0.          0.          0.52640543 0.
  0.          0.66767854 0.          ]
 [0.          0.48693426 0.          0.61761437 0.          0.61761437
  0.          0.          0.          ]
 [0.          0.          0.70710678 0.          0.          0.
  0.          0.          0.70710678]
 [0.61761437 0.          0.          0.          0.48693426 0.
  0.61761437 0.          0.          ]]
```

通过分析数据可以得知，在第一句话"Xiaoming lives in Beijing."中，"Xiaoming"占比约为 0.66767854，"lives"占比约为 0.52640543，"beijing"占比约为 0.52640543。

还可以借助 CountVectorizer 和 TfidfTransformer 实现和上述代码相同的效果：

```
from sklearn.feature_extraction.text import TfidfTransformer
tf = TfidfTransformer()
vec = CountVectorizer(stop_words = 'english')
tmp = tf.fit_transform(vec.fit_transform(s))
```

7.1.3　图像特征提取

在日常生活中，图像是除文字外的又一重要的信息载体，目前的图像处理技术同样也离不开图像特征提取。在讲解如何提取图像特征之前，首先要知道什么是图像及图像在机器中是如何存储的。

以图 7-1 为例，可以看到这幅图像是由 64（8×8）个小方格组成的，一个小方格表示一个像素，图 7-1 所示的图像就包含 64 像素。

仔细看图 7-1，可以发现小方格有的白一点，有的黑一点，可以用一个数值来量化其颜色，越黑则数值越小（纯黑为 0），越白则数值越大（纯白为 1），这样整幅图像就可以转化成二维矩阵的形式在机器中存储。这就是这类图像在机器中的存储方式。

下面这个二维矩阵就是图像在机器中存储的结果，其中的数值代表灰度，这类图像通常被称为灰度图像。

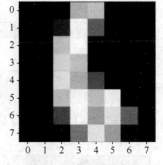

图 7-1　64 像素图像

```
[[ 0.  0.  0.  12. 13.  0.  0.  0.]
 [ 0.  0.  6.  17.  9.  0.  0.  0.]
 [ 0.  0.  13. 17.  3.  0.  0.  0.]
 [ 0.  0.  15. 13.  0.  0.  0.  0.]
 [ 0.  0.  16. 12.  8.  2.  0.  0.]
 [ 0.  0.  13. 17. 13. 17.  3.  0.]
 [ 0.  0.  8.  17. 11. 16.  9.  0.]
 [ 0.  0.  1.  9.  16. 11.  3.  0.]]
```

对于彩色图像在机器中的存储，以图 7-2 为例。

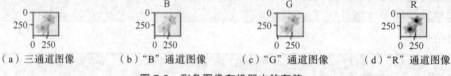

（a）三通道图像　　（b）"B"通道图像　　（c）"G"通道图像　　（d）"R"通道图像

图 7-2　彩色图像在机器中的存储

彩色图像的存储方式不同于灰度图像，对灰度图像来说，所有像素只需要一个二维矩阵就可以存储，但对于彩色图来说，一个像素就需要不止一个矩阵来存储，即含有多个颜色通道，例如三通道图像就有红（red，R）、绿（green，G）、蓝（blue，B）3 个颜色通道。对于多通道图像来说，有 N 个通道，其存储就需要 N 维矩阵。

图 7-2 所示的 4 幅图像分别是三通道图像、"B"通道图像、"G"通道图像和"R"通道图像。下面只展示"B"通道图像的存储矩阵：

```
[[251 251 251 ... 255 255 255]
 [251 251 251 ... 255 255 255]
 [251 251 251 ... 255 255 255]
 ...
 [249 250 250 ... 255 255 255]
 [249 250 250 ... 255 255 255]
 [249 250 250 ... 255 255 255]]
```

讲解了图像在机器中如何存储之后，下面介绍简单的图像操作。本书对图像的处理采用的是 Python 中的 OpenCV 库，当然能对图像进行处理的不止这一个库，例如还有 scikit-image 等，本书不再详细介绍，有需要的读者请自行查阅。

首先介绍基本操作：

```
import cv2 as cv
```

读入图像：

```
tp = cv.imread('D:\s.jpg')
```

输出图像：

```
cv.imshow('tp', tp)
cv.waitKey()
```

waitKey()的作用是使图像延时关闭，圆括号中可自定义关闭时间。

保存图像：

```
cv.imwrite("D:\\a.jpg", tp)
```

显示某个颜色通道：

```
tp = cv.imread('D:\s.jpg')
B, G, R = cv.split(tp)
cv.imshow('B', B)
cv.imshow('G', G)
cv.imshow('R', R)
cv.waitKey()
```

将彩色图像转化成灰度图像:

```
import cv2 as cv

tp = cv.imread('D:\s.jpg')
t = cv.cvtColor(tp, cv.COLOR_BGR2GRAY)
cv.imshow('t', t)
cv.waitKey()
```

我们知道, 对于 JPG 彩色图像来说, 其是以 RBG 三通道 (即三维矩阵) 存储的, 但是在 OpenCV2 中, 图像的颜色通道的排列顺序却是 B、G、R, 把它转化成灰度图像 (以二维矩阵 存储), 就要对其进行压缩, 而 cv.cvtColor(tp, cv.COLOR_BGR2GRAY) 的作用就是将图像压缩 成二维矩阵 (转化成灰度图像)。

这里提醒读者, 使用 matplotlib.pyplot 也可以输出图片, 但 pyplot.imshow() 的默认接口是 RGB 格式的, 也就是说, pyplot.imshow() 只能正常输出三维矩阵构成的图像, 如果用它来输出 灰度图像, 就会产生一些意想不到的效果, 感兴趣的读者可以试一下。

下面以图 7-3 所示的灰度图像为例, 讲解如何提取像素值特征。

图 7-3　灰度图像

首先, 将这幅灰度图像读入:

```
tp = cv.imread('D:\s.jpg', 0)
```

0 的作用是以灰度图像的形式读入图像。

我们知道, 一幅图像是由若干个像素组成的, 且每个像素都有自己的值 (灰度)。所以可以 将每一个像素看作一个单独的特征, 那么一幅图像就有 $N×M$ 个特征 (N 代指图像的长, M 代 指图像的宽), 所以接下来只要知道这幅图像有多少个像素就可以知道这幅图像有多少个特征。

查看图像大小:

```
print(tp.shape)
```

输出结果:

```
(728, 728)
```

137

所以这幅图像就有 728×728（529 984）个特征。

提取特征：

```
Feature_tp = np.reshape(tp, (728 * 728))

print(feature_tp.shape)

print(feature_tp)
```

输出结果：

```
(529984,)
[0.57010157 0.57010157 0.5686949  ... 0.55292941 0.56861569 0.57645882]
```

这里对彩色图像不进行讲解，请读者自行思考。

7.2 特征选择

当特征经过预处理和特征提取之后，我们就应该思考一个问题：如何选择对我们最有意义的特征？在未进行模型训练之前，可不可以消除一些无关紧要的特征使得我们所构建的模型具有更好的泛化能力？而这就涉及即将要讲解的特征选择。

7.2.1 Filter

Filter（过滤）根据特征在各种统计检验中的得分以及与目标的相关性来进行特征选择。

从方差的角度考虑，如果一个特征的方差为 0，就可以毫不客气地把这个特征消除。一个特征的方差越小，说明这个特征在我们所研究的模型中基本相同，甚至取值也相同，那么可以把这个无关特征消除。

VarianceThreshold()方差过滤，是 Filter 中常用的一个方法，也是 sklearn.feature_selection 中的一个方法。

以如下数据为例：

```
[[1 0 0 0 0 0]
 [1 1 0 0 0 0]
 [1 1 1 0 0 0]
 [1 1 1 1 0 0]
 [1 1 1 1 1 0]
 [1 1 1 1 1 1]]
```

代码如下：

```
from sklearn.feature_selection import VarianceThreshold

vt = VarianceThreshold(threshold = .6 * (1 - .6))

data = vt.fit_transform(data)

print(data)
```

输出结果：

```
[[0]
 [0]
```

```
[0]
[1]
[1]
[1]]
```

可以看到，VarianceThreshold()消除了出现概率大于 0.6 即方差小于 0.6×(1-0.6)=0.24 的特征。

如果从相关性的角度考虑，研究单一特征对目标的相关性来进行特征选择，那么将从以下两个方面进行考虑：如果研究目标为离散特征（回归问题），可以使用卡方检验来进行特征选择；如果研究目标为连续特征（分类问题），可以使用皮尔逊相关系数和最大信息系数来进行特征选择。接下来以 sklearn 自带的乳腺癌数据集为例，分别演示上述方法的代码实现。

（1）卡方检验，代码如下：

```
from sklearn.datasets import load_breast_cancer
from sklearn.feature_selection import chi2, SelectKBest

cancer = load_breast_cancer()

x, y = cancer.data, cancer.target

print(x.shape)

x_after_chi2 = SelectKBest(chi2, k = 3).fit_transform(x, y)

print(x_after_chi2.shape)
```

输出结果：

```
(569, 30)
(569, 3)
```

可以看到，经过卡方检验后，选出了 3 个最优的特征，其中 SelectKBest()中 k 的作用是调节选出的特征的数量，这里设置的是 k=3。

（2）皮尔逊相关系数，代码如下：

```
from scipy.stats import pearsonr
import pandas as pd

cancer = load_breast_cancer()

data = cancer.data

name = cancer.feature_names

df_data = pd.DataFrame(data, columns = name)

mean_radius = df_data['mean radius'].values
mean_area = df_data['mean area'].values

print(pearsonr(mean_radius, cancer.target))
print(pearsonr(mean_area, cancer.target))
print(pearsonr(1/mean_radius, cancer.target))
print(pearsonr(mean_radius, mean_area))
print(pearsonr(1/mean_radius, mean_area))
```

输出结果：

```
(-0.7300285113754555, 9.465940572265007e-96)
(-0.708983836585389, 5.734564310308523e-88)
(0.6963446864460401, 1.008218724950505e-83)
(0.9873571700566124, 0.0)
(-0.8949235983985604, 8.361249768074129e-201)
```

皮尔逊相关系数输出的是一个二元组(score,p-value)，其中 score 的取值为[-1,1]，score 的值越接近 1 表示具有正相关，0 表示不相关，-1 表示具有负相关。

但是，皮尔逊相关系数还有一个明显的缺陷：只对线性相关敏感，对非线性相关则不敏感。例如：

```
x = np.random.randint(-100, 100, 1000)
y = x**x
print(pearsonr(x, y))
```

输出结果：

```
(-0.023685330149289394, 0.4543611970681528)
```

（3）最大信息系数，代码如下：

```
from minepy import MINE

m = MINE()
x = np.random.randint(-100, 100, 1000)
y = x**2
m.compute_score(x, y)

print(m.mic())
```

输出结果：

```
0.9999663372141733
```

最大信息系数弥补了皮尔逊相关系数对非线性相关不敏感的缺陷。

7.2.2 Wrapper

Wrapper（包装）的原理是根据目标函数进行训练，每次选择若干特征或排除若干特征，常用的方法是递归消除特征（recursive feature elimination，RFE）。

RFE 选定一个基模型进行多轮训练，每轮训练过后，消除若干特征，再重新进行下轮训练。以 sklearn 自带的鸢尾花数据集为例实现：

```
from sklearn.datasets import load_iris
from sklearn.model_selection import train_test_split
from sklearn.linear_model import LinearRegression, LogisticRegression
from sklearn.feature_selection import RFE

iris = load_iris()

rfe = RFE(estimator = LogisticRegression(), n_features_to_select = 2)

rfe.fit(iris.data, iris.target)

new_data = rfe.transform(iris.data)
```

```
tr_x, te_x, tr_y, te_y = train_test_split(new_data, iris.target)

reg = LinearRegression()

reg.fit(tr_x, tr_y)

print("score_ref: {}".format(reg.score(te_x, te_y)))
```

输出结果：

```
score_ref: 0.9520066024532783
```

如果不进行特征选择，输出结果：

```
score: 0.9111603863444916
```

可以看到，使用 RFE 进行递归消除特征，得到的精度比没有使用 RFE 得到的精度反而要好很多。这里 n_feature_to_select 的取值为[1,特征数]，estimator 的取值为所选择的基函数。

当然也可以查看递归消除特征后选择的新特征：

```
print(rfe.ranking_)
```

利用 RFE 中的 ranking_ 查看选择的新特征，输出结果：

```
[3 2 1 1]
```

可以看出，使用 RFE 之后的新特征保留了第 3 列和第 2 列的特征，删除了第 1 列和第 0 列的特征。

7.2.3 Embedded

Embedded（嵌入）让特征和模型同时训练，让模型选择去使用哪些特征。其原理是先让特征在模型中训练，利用训练得到的各项特征的权值系数按照从大到小的原则去选择特征，一般选取能对特征进行打分的模型来进行特征选择。

这里，利用 sklearn.feature_selection 中 SelectFromModel 进行特征选择。实现如下。

（1）基于 L1 的特征选择

以 sklearn 中的 wine 数据集为例：

```
from sklearn.svm import LinearSVC
from sklearn.datasets import load_wine
from sklearn.feature_selection import SelectFromModel
from sklearn.linear_model import LinearRegression
from sklearn.model_selection import train_test_split

wine = load_wine()

model = SelectFromModel(LinearSVC(C = 0.06, penalty = 'l1', dual = False).
fit(wine.data, wine.target), prefit = True)

new_data = model.transform(wine.data)

print(new_data.shape)
tr_x, te_x, tr_y, te_y = train_test_split(new_data, wine.target)

reg = LinearRegression().fit(tr_x, tr_y)

print(reg.score(te_x, te_y))
```

对比一下结果：

```
score_L1 : 0.900416686283543
score : 0.8777617089374858
```

这里也可以查看基于 L1 的特征选择后新特征的个数：

```
print(wine.data.shape)
print(new_data.shape)
```

输出结果：

```
(178, 13)

(178, 8)
```

可以看到，基于 L1 的特征选择舍弃了 5 个特征。

（2）基于随机森林的特征选择

代码如下：

```
from sklearn.ensemble import RandomForestClassifier

new_data = SelectFromModel(RandomForestClassifier(n_estimators = 10), threshold
= 0.02).fit_transform(wine.data, wine.target)

tr_x, te_x, tr_y, te_y = train_test_split(new_data, wine.target)

reg = LinearRegression().fit(tr_x, tr_y)

print(reg.score(te_x, te_y))
```

对比结果：

```
score_randomforest : 0.9197384294818963

score : 0.8762378048776154
```

当然还有很多模型可供选择，本小节只举了几个常见的例子，方便读者理解。

7.3 降维

通常情况下，通过特征提取得到的特征往往都是冗余和复杂的，特征数量达到几十或者几百。在这种情况下，即使对特征进行预处理和特征选择，用得到的新特征进行机器学习，模型的泛化能力可能仍然达不到理想的标准。而且，特征（维度）越多，能用于机器学习的样本就越少，并且在高维空间中的计算也成了一个很大的难题。

降维是指将高维度的数据经过有限次变换，转变成低维度的数据，从而使数据能更好地应用在机器学习上，得到一个更好的结果。降维是对高维度数据进行预处理的方法，对高维度的数据保留最重要的一些特征，去除噪声和不重要的特征，从而达到提升数据处理速度的目的。在实际的生产和应用中，降维在一定的信息损失范围内，可以节省大量的时间和成本。降维也是应用非常广泛的数据预处理方法。

降维的算法有很多，例如 PCA、独立成分分析（independent component analysis，ICA）、线性辨别分析（linear discriminant analysis，LDA）等。PCA 和 ICA 是无监督学习算法，而 LDA 是监督学习算法。本节只对 PCA 进行详细讲解，对 LDA 进行简单介绍。

在对数据进行归约的时候简单提到了 PCA。PCA 还是最常用的线性降维方法之一，它的目标是通过某种线性投影，将高维的数据映射到低维的空间中表示，并期望在所投影的维度上数据的方差最大，以此使用较少的数据维度，同时保留较多的原数据的特性。

如果只通过映射把所有的点都映射到一起，那么几乎所有的信息都丢失了，而如果映射后方差尽可能大，那么数据点则会分散开来，以此来保留更多的信息。PCA 追求的是在降维之后能够最大化地保留数据的内在信息，并通过衡量在投影方向上的数据方差的大小来衡量该投影方向的重要性。可以证明，PCA 是丢失原始数据信息最少的线性降维方式之一。代码如下：

```
from sklearn.datasets import make_blobs
from sklearn.preprocessing import StandardScaler
dataset = make_blobs(n_samples=500,n_features=10,centers=3,random_state=0)
X,y = dataset
stand = StandardScaler()
X_stand = stand.fit_transform(X)
print(X_stand.shape)
#输出结果
(500, 10)
```

可以看到现在有 500 个数据、10 个特征。然后利用 PCA 降维：

```
from sklearn.decomposition import PCA
pca = PCA(n_components=2)
pca.fit(X_stand)
X_pca = pca.transform(X_stand)
print(X_pca.shape)
#输出结果
(500, 2)
```

可以清楚地看到现在只有 2 个特征（主成分）了。

为什么要进行降维？因为这样可以进行数据可视化，方便我们理解。下面通过降维对数据集进行可视化：

```
from sklearn.datasets import make_blobs
from sklearn.preprocessing import StandardScaler
from sklearn.decomposition import PCA
import matplotlib.pyplot as plt
dataset = make_blobs(n_samples=500,n_features=10,centers=3,random_state=0)
X,y = dataset
stand = StandardScaler()
X_stand = stand.fit_transform(X)
pca = PCA(n_components=2)
pca.fit(X_stand)
X_pca = pca.transform(X_stand)
print(X_pca.shape)
X1 = X_pca[y==0]
X2 = X_pca[y==1]
X3 = X_pca[y==2]
plt.scatter(X1[:,0],X1[:,1],c='y',s=60,edgecolor='k')
plt.scatter(X2[:,0],X2[:,1],c='g',s=60,edgecolor='k')
plt.scatter(X3[:,0],X3[:,1],c='r',s=60,edgecolor='k')
```

```
plt.xlabel("first component")
plt.ylabel("second component")
plt.show()
```

输出结果如图 7-4 所示。

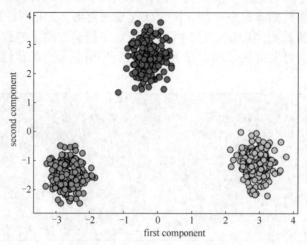

图 7-4　利用 PCA 降维后的特征

那降维后的特征与原特征有什么关系呢？让我们看图 7-5。图中表明将 10 个特征转化成了 2 个特征：first component（第一特征）和 second component（第二特征）。

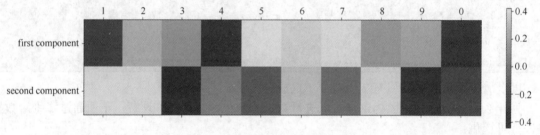

图 7-5　降维后的特征与原特征的关系

这 10 个特征转化成的 2 个特征即 2 个主成分，图 7-5 右侧所示颜色代表了数值，转化前的特征与转化后的主成分对应的值为正数为正相关，为负数则为负相关。

以 sklearn 中的 wine 数据集为例，直接看其实现：

```
from sklearn.datasets import load_wine
from sklearn.decomposition import PCA
from matplotlib import pyplot as plt

wine = load_wine()
pca = PCA(n_components=2)
x = pca.fit_transform(wine.data)
col = ['o', '^', '*']

for i in range(len(col)):
    px = x[:, 0][wine.target == i]
    py = x[:, 1][wine.target == i]
    plt.scatter(px, py, marker=col[i])
```

```
plt.legend(wine.target_names, loc='best')
plt.xlabel('first principal component')
plt.ylabel('second principal component')
plt.show()
```

由于篇幅所限，这里设置的主成分只有 2 个，方便展示。

输出结果如图 7-6 所示。

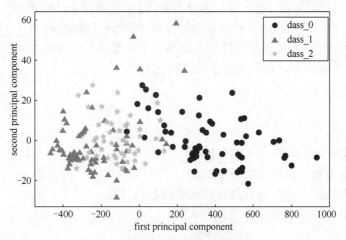

图 7-6　经过 PCA 降维后得到的数据

可以从图 7-6 中看到，红酒的品质能比较清晰地分成 3 类。当然还可以查看提取的主成分：

```
print(pca.components_)
```

输出：

```
[[ 1.65926472e-03  -7.81015556e-04   1.94905742e-04  -5.67130058e-03
   1.78680075e-02   9.89829680e-04   1.56728830e-03  -1.23086662e-04
   7.00607792e-04   2.32714319e-03   1.71380037e-04   8.04931645e-04
   9.99822937e-01]
 [ 1.20340617e-03   2.15498184e-03   5.59369254e-03   2.64503930e-02
   9.99344186e-01   9.77962152e-04  -6.18507284e-05  -1.35447892e-03
   6.00440040e-03   1.51003530e-02  -8.62673115e-04  -3.49536431e-03
  -1.77738095e-02]]
```

降维的优点是使数据集更容易使用、可去除噪声、方便理解、无参数限制、可降低计算难度等，缺点是投影以后对数据的区分作用并不大，反而可能使数据杂糅在一起而无法区分。在数据分布是非高斯分布的情况下，使用 PCA 方法得出的主成分可能不是最优的。

在实际情况中，有些数据可能并不服从高斯分布，而是服从超高斯分布的，这意味着随机变量更频繁地在零附近取值。与相同方差的高斯分布相比，超高斯分布的图形在零点处更"尖"。在非高斯分布的情况下 PCA 得到的主成分可能并不是最优解，这时候不能用方差作为衡量标准，可以使用维度间的正交假设，即 ICA。ICA 与其他方法的重要区别在于，它寻找满足统计独立和非高斯的成分。

PCA 和 ICA 都是无监督学习的降维算法，而 LDA 是一种监督学习的降维算法，也就是说它的数据集的每个样本是有类别输出的。LDA 算法既可以用于降维，又可以用于分类，但是目前来说，主要还是用于降维。在进行图像识别相关的数据分析时，LDA 是一个有力的工具。LDA 的原理可以用一句话概括，就是"投影后类内方差最小，类间方差最大"。即要将数据在低维度上进行投影，投影后希望同一类别数据的投影点尽可能接近，而不同类别数据的类别投影中心尽可能远。LDA 在样本分类信息依赖均值而不是方差的时候，比 PCA 等算法的效果较优。但 LDA 也不适合对非高斯分布样本进行降维。

7.4　小结

　　本章介绍了如何提取特征、进行特征选择和降维。主要讲解了 3 个不同的特征提取方面（字典特征、图像特征和文本特征）、3 种特征选择方法（Filter、Wrapper 和 Embedded）和 2 种降维算法（PCA、LDA)。特征工程是机器学习中的一个重要环节，通过本章的讲解，希望读者对以上内容有较为全面的认识，并具备基本的实践能力。

习题 7

1. 找一段英文文本，实现文本特征提取。
2. 找一段中文文本，实现文本特征提取。
3. 特征选择有几种方法？这几种方法的原理各是什么？
4. 降维算法中 PCA 和 LDA 有什么不同？

第8章 模型评估及改进

从特征提取、特征处理到建模进行机器学习，前文已经进行了深入的探讨。针对所研究的问题，我们构建一个模型并不困难，但从已经给定的数据中构建一个具有良好的泛化能力且能对未知数据进行预测的模型则有一定的难度。那么，如何评判构建的模型的好坏呢？本章将带领读者对模型评估及改进进行深入的探讨。

8.1 交叉验证

对给定的数据来说，我们无法知道哪些数据是正确的，哪些数据是错误的。对一个数据集来说，假定其中有 40%的错误数据，那么当随机划分数据的时候，如果 70%的训练数据中有 40%的错误数据和 30%的正确数据，可以肯定的是，这个模型的得分一定不会太高，但不能因此就认为根据某个算法所构建的模型不适合这个数据集，进而更换其他不是太完美的算法。这时应该对模型进行交叉验证。

交叉验证又称循环估计，它在统计学意义上将数据切割成 K 份，利用不同的数据来训练同一模型。每一次训练时，选取大部分数据进行建模，保留小部分数据来进行评估。它比用 train-test-split 方法单次划分数据更加稳定、全面。

8.1.1 K 折交叉验证

K 折交叉验证是交叉验证中常用的一种方法，其过程是先将数据划分成 K 段，每一段称为这个数据的折，这样就得到了 K 个分段数据，接下来进行 K 轮建模训练。第 1 轮训练以第 $2\sim K$ 个折为训练集，以第 1 个折为测试集，第 2 轮训练以第 1 个和第 $3\sim K$ 个折为训练集，以第 2 个折为测试集，然后依此类推进行 K 轮训练，并记录每轮的模型精度，从而帮助我们对所构建的模型进行更为全面的分析。图 8-1 展示出 K 折交叉验证的过程。

K 折交叉验证，其实现利用了 sklearn.model_selection 中的 cross_val_score()方法。

```
cross_val_score(estimator, X, y=None, groups=None, scoring=
None,cv=None, n_jobs=None, verbose=0, fit_params= None,pre_
dispatch='2*n_jobs', error_score= np.nan)
```

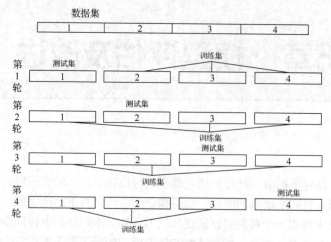

图 8-1　K 折交叉验证的过程

通常基本只用前 3 个参数和 cv 参数，estimator 代表评估这个模型的算法，也是构建模型的算法，cv 的作用是指定将数据划分成几折去进行交叉验证。

下面以 sklearn 中的 wine 数据集为例进行交叉验证。代码如下：

```
from sklearn.model_selection import cross_val_score
from sklearn.datasets import load_wine
from sklearn.linear_model import LogisticRegression

wine = load_wine()

lgr = LogisticRegression()

score = cross_val_score(lgr, wine.data, wine.target)

print(score)

print(score.mean())
```

输出结果：

```
[0.88888889 0.94444444 0.94444444 1.          1.         ]
0.9555555555555555
```

这里 cross_val_score()中的 cv 参数默认等于 5，可以通过更改 cv 的值来指定将数据划分为多少折。

8.1.2　分层 K 折交叉验证

8.1.1 小节介绍了用 K 折交叉验证这种更为全面、高效的方法去进行模型检验，那么使用 K 折交叉验证会不会出现类似 train-test-split 一样糟糕的情况？

答案是会的，使用 K 折交叉验证依然会出现这种情况。接下来就以 wine 数据集为例，来看 wine 的 target：

```
[0 0 0 0 0 0 0 0 0 0 0 0 0 0 0 0 0 0 0 0 0 0 0 0 0 0 0 0 0 0 0 0 0 0 0 0 0
 0 0 0 0 0 0 0 0 0 0 0 0 0 0 0 0 0 0 0 0 0 1 1 1 1 1 1 1 1 1 1 1 1 1 1 1 1
 1 1 1 1 1 1 1 1 1 1 1 1 1 1 1 1 1 1 1 1 1 1 1 1 1 1 1 1 1 1 1 1 1 1 1 1 1
 1 1 1 1 1 1 1 1 1 1 1 1 1 1 1 1 1 1 2 2 2 2 2 2 2 2 2 2 2 2 2 2 2 2 2 2 2
 2 2 2 2 2 2 2 2 2 2 2 2 2 2 2 2 2 2 2 2 2 2 2 2 2 2 2 2]
```

可以看到，wine 的 target 是根据红酒的品质来排列的，品质为 0 的红酒有 59 个，品质为 1 的红酒有 71 个，剩下的 48 个是品质为 2 的红酒。现在剔除品质为 1 的红酒，再运行一次 K 折交叉验证。

```
scores = cross_val_score(lgr, x, y)
```

输出结果：

```
scores: [1. 1. 1. 1. 1.]

score.mean = 1.0
```

可以看到这样一个有趣的现象，请读者自行思考为什么会出现这样的现象。剔除品质为 1 的红酒后，数据只剩下 107 个，且品质 $0 : 2 \approx 1 : 1$，假如忽略多余的 7 个数据，进行五等分，那么五等分后每个小段对应的红酒的品质可能是相同的。下面来模拟交叉训练的第 1 轮，以第 1 个折为测试集（全为品质为 0 的酒），以第 2～5 个折为训练集（品质 $0 : 2 \approx 3 : 5$），用这种数据来进行训练和验证，实质上就等同于用训练集训练，再用训练集进行打分。因此会出现上述的结果。

那么，该如何避免这种情况呢？可以用分层 K 折交叉验证。分层 K 折交叉验证的过程和 K 折交叉验证的过程基本相同，只不过在取测试集和训练集的地方稍有不同。不再是选择一整个折作为测试集，剩下的折作为训练集，而是在每个折中选取前 $A\%$ 的数据作为测试集，将每个折剩下的 $1-A\%$ 的数据作为训练集，这样就能尽量避免上述情况的出现，如图 8-2 所示。

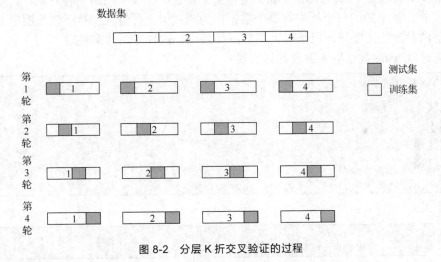

图 8-2　分层 K 折交叉验证的过程

下面来看代码实现。数据为剔除了品质为 1 的酒的 wine.data 和 wine.target 数据：

```
x = []
y = []

for i, value in enumerate(wine.target):
        if(value != 1):
                x.append(wine.data[i])
                y.append(wine.target[i])
x = np.array(x)
y = np.array(y)

scores = cross_val_score(lgr, x, y)
```

```
        print("scores: {}".format(scores))
        print("score.mean = {}".format(scores.mean()))

        from sklearn.model_selection import KFold

        scores = cross_val_score(lgr, x, y, cv = KFold())

        print(scores)
        print(scores.mean())
```

输出结果：

```
        [1.         1.         0.95238095 0.95238095 1.         ]
        0.980952380952381
```

可以看到，尽管还是会出现 scores = 1 的情况，但是出现的个数比之前少了两个，这是必然的，这里的数据太少（只有 107 个），如果数据足够多，出现这种情况的概率就会大大降低。

这里导入了 sklearn 中的 KFold 分离器类，其作用是将数据按层分离，可以通过 n_split 去控制将数据分成几折。

8.1.3　留一交叉验证和打乱划分交叉验证

（1）留一交叉验证（Leave-One-Out）也是交叉验证中比较常用的一种方法，其原理是将数据划分成 K 折，在单独的一个折中将单个数据作为测试集进行打分。对小型数据集来说这种方法可能比前两种方法还要好，但是对大型数据集来说，这种方法非常耗时。

下面还是以 wine 数据集为例来看其实现：

```
        from sklearn.model_selection import LeaveOneOut

        loo = LeaveOneOut()

        scores = cross_val_score(lgr, wine.data, wine.target, cv = loo)

        print("scores_numbers : {}".format(len(scores)))
        print("score.mean = {}".format(scores.mean()))
```

输出结果：

```
        scores_numbers : 178
        score.mean = 0.9606741573033708
```

由于留一交叉验证是对单个数据进行交叉验证的，因此这里不展示单个数据的打分情况（正确为 1，错误为 0）。可以看到留一交叉验证对每个数据都进行了打分，且大部分的数据都是正确的，说明逻辑回归可以用在模型上对数据进行预测。

（2）打乱划分交叉验证也是交叉验证中的一种方法，其原理是对于整个数据集，每次选取 train_size 指定的数据作为训练集，选取 test_size 指定的数据作为测试集，对模型进行训练并打分。训练集和测试集选取的地方并不交叉，共进行 n 次。

train_size 和 test_size 的值可以是整数，也可以是浮点数，两者的值是整数表示选择 train_size 和 test_size 个数据作为训练集和数据集，但两者之和不应超过整个数据集的数据量；两者的值是浮点数表示选取数据集中 train_size% 的数据和 test_size% 的数据作为训练集和测试集，同样两者之和不应超过 1。

下面还是以 wine 数据集为例来看其实现。train_size 和 test_size 取整数：

```
from sklearn.model_selection import ShuffleSplit

shuffle_split = ShuffleSplit(n_splits = 5, test_size = 25, train_size = 125, random_state = 0)

scores = cross_val_score(lgr, wine.data, wine.target, cv = shuffle_split)

print("scores: {}".format(scores))
print("score.mean = {}".format(scores.mean()))
```

输出结果：

```
scores: [0.92 0.84 0.96 0.96 0.92]
score.mean = 0.9199999999999999
```

train_size 和 test_size 取浮点数时的输出结果：

```
scores: [0.93333333 0.88888889 0.93333333 0.97777778 0.93333333]
score.mean = 0.9333333333333333
```

8.2 网格搜索

8.1 节介绍了如何对一个模型的泛化能力进行全面的验证。请读者思考一个问题：一个模型的泛化能力低是不是说明构建的模型的核心算法不对？答案是否定的。一个模型的泛化能力低可能有多个影响因素，例如数据量的大小、数据的准确性、算法的参数等。如果模型交叉验证的得分较低，先不要着急否定算法，尝试着去找出问题的所在。下面讲解如何通过改变模型的参数来提高模型的泛化能力。

通过改变参数来提高模型的泛化能力，最常用的方法之一就是网格搜索。那么什么是网格搜索呢？下面以简单的网格搜索为例，假设一个模型中存在参数 A（$A \in [0.001,1]$）和参数 B（$B \in [0.001,1]$），那么参数的取值就有 1000×1000 种可能。所以就可以把参数 A 和参数 B 的可能值以 1000×1000 的网格列出来（见图 8-3），不断进行尝试，最终求出最佳的参数使得模型的泛化能力最高。Python 实现就是通过两个 for 循环不断进行建模、打分，求出最佳参数，而这就是一个简单的网格搜索例子。

gamme	C				
	0.1	0.2	0.3	0.4	0.5
0.1	C=0.1 gamma=0.1	C=0.2 gamma=0.1	C=0.3 gamma=0.1	C=0.4 gamma=0.1	C=0.5 gamma=0.1
0.2	C=0.1 gamma=0.2	C=0.2 gamma=0.2	C=0.3 gamma=0.2	C=0.4 gamma=0.2	C=0.5 gamma=0.2
0.3	C=0.1 gamma=0.3	C=0.2 gamma=0.3	C=0.3 gamma=0.3	C=0.4 gamma=0.3	C=0.5 gamma=0.3
0.4	C=0.1 gamma=0.4	C=0.2 gamma=0.4	C=0.3 gamma=0.4	C=0.4 gamma=0.4	C=0.5 gamma=0.4
0.5	C=0.1 gamma=0.5	C=0.2 gamma=0.5	C=0.3 gamma=0.5	C=0.4 gamma=0.5	C=0.5 gamma=0.5

图 8-3 SVM 网格搜索

下面以 sklearn 中的鸢尾花数据集和具有 rbf 核的核 SVM 为例，介绍网格搜索的实现：

```python
from sklearn.svm import SVC
from sklearn.model_selection import cross_val_score, KFold
from sklearn.datasets import load_iris
from sklearn.model_selection import train_test_split

iris = load_iris()

train_x, test_x, train_y, test_y = train_test_split(iris.data, iris.target,
random_state = 0)

best_score = 0

best_C = 0

best_gamma = 0

Gamma = [x / 100 for x in range(1, 100)]

C = Gamma

for gamma in Gamma:
    for c in C:
        svm = SVC(gamma = gamma, C = c)
        svm.fit(train_x, train_y)
        score = svm.score(test_x, test_y)
        if score > best_score:
            best_score = score
            best_C = c
            best_gamma = gamma

print(best_score)
print("best_C : {0}\nbest_gamma : {1}".format(best_C, best_gamma))
```

输出结果：

```
0.9736842105263158
best_C : 0.76
best_gamma : 0.02
```

可以对数据集进行可视化，如图 8-4 所示。

可以发现，gamma 的值越小，C 的值越大，score 的值就越大。因此，接下来可以缩小范围，提高参数精度，再次进行建模。

```
Gamma = [x / 10000 for x in range(100, 300)]

C = [x / 1000 for x in range(700, 800)]
```

将 gamma 的范围缩小至[0.01,0.03]，将 C 的范围缩小至[0.7,0.8]，再次进行建模。

```
0.9736842105263158
best_C : 0.799
best_gamma : 0.019
```

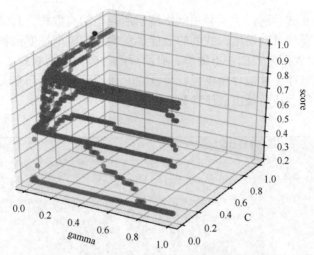

图 8-4　具有 rbf 核的核 SVM 对数据集进行可视化

此时，可以看到参数 gamma 的变化量不大，只有 0.001，而参数 C 的变化量则为 0.039，因此大致可以认为 C = 0.76、gamma = 0.02 就是这个模型的最佳参数。

可以再次进行数据可视化，如图 8-5 所示。

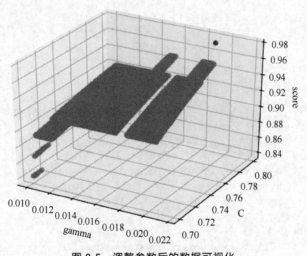

图 8-5　调整参数后的数据可视化

可以看到，gamma 和 C 的微小变动对 score 的影响不是很大。

两次用 SVM 构建的模型的平均得分约是 97，未进行交叉验证之前这个模型确实是一个非常好的模型。因此，接下来对模型进行交叉验证：

```
scores = cross_val_score(SVC(C = best_C, gamma = best_gamma), iris.data,
iris.target, cv = KFold())

print(scores)
print(scores.mean())
```

这里使用了分层 K 折交叉验证来对模型进行评估，读者一定可以猜到这个模型的得分并不那么理想，来看一下结果：

```
[1.         0.96666667 0.33333333 0.86666667 0.3        ]
0.6933333333333334
```

平均得分只有约 0.69，这说明了利用网格搜索所得出的参数构建的模型存在过拟合现象。从交叉验证每一折的得分可以看出，找到的最佳参数构建的模型过度依赖部分数据（居然有约 0.97 的得分），并且对大部分数据并不敏感，有两折的得分只有约 0.3。

那么如何避免模型存在过拟合现象呢？可以同时使用网格搜索和交叉验证，这样就可以避免模型存在过拟合现象，从而找出最佳参数。

下面看其实现：

```python
from sklearn.svm import SVC
from sklearn.model_selection import cross_val_score, KFold
from sklearn.datasets import load_iris

iris = load_iris()

best_score = 0

best_C = 0

best_gamma = 0

best_score_part = []

Gamma = [x / 100 for x in range(1, 100)]

C = Gamma

for gamma in Gamma:
    for c in C:
        score = cross_val_score(SVC(C = c, gamma = gamma), iris.data,
    iris.target, cv = KFold())
        if score.mean() > best_score:
            best_score_part = score
            best_score = score.mean()
            best_C = c
            best_gamma = gamma

print(best_score)
print("best_C : {0}\nbest_gamma : {1}\nbest_score_part : {2}".format(best_C,
best_gamma, best_score_part))
```

输出结果：

```
0.9333333333333333
best_C : 0.96
best_gamma : 0.17
best_score_part : [1.        1.        0.86666667 0.96666667 0.83333333]
```

再次进行数据可视化，如图 8-6 所示。

由于在(0.17,0.96,0.93)旁边的数据点较多，因此在图 8-6 中看不太清楚最佳参数点的位置，但是根据对图 8-6 的分析，在交叉验证的辅助下，可以发现参数 C 越靠近 0.96，score 的值就越大；gamma 越靠近 0.17，score 的值越大。平均得分约为 0.93，虽然比 0.97 低了一点，但是对比两次模型选择的参数可以看到，两次选择的参数相差很大，却降低了模型过拟合的风险。

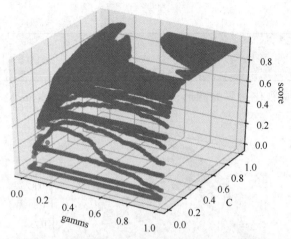

图 8-6　利用网格搜索和交叉验证得到的数据可视化

因此再次调整参数的取值范围，参数 gamma 的取值范围为[0.01,0.4]，参数 C 的取值范围为[0.9,2.0]，并再次进行建模：

```
Gamma = [x / 100 for x in range(1, 40)]


C = [x / 100 for x in range(90, 200)]
```

此时可以看到：

```
0.9333333333333333
best_C : 1.98
best_gamma : 0.08
best_score_part : [1.        1.        0.86666667 0.96666667 0.83333333]
```

再次进行数据可视化，如图 8-7 所示。

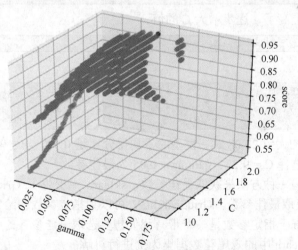

图 8-7　再次调整参数的取值范围后得到的数据可视化

这时可以看到，模型的平均得分并没有改变，改变的只有参数 gamma 和参数 C 的取值。随着 C 的增大，gamma 有缩小的趋势，因此再次增大 C 的取值：

```
C = [x / 100 for x in range(150, 400)]
```

输出结果：

```
0.9333333333333333
best_C : 3.61
best_gamma : 0.05
```

图 8-8 所示为数据可视化之后的图形，与图 8-7 相比变化不是很大。

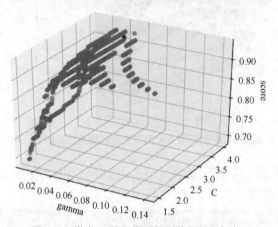

图 8-8 增大 C 的取值后得到的数据可视化

但是当将 C 增大到一定程度的时候：

```
C = [x / 100 for x in range(300, 1000)]
```

输出结果：

```
0.9400000000000001
best_C : 9.23
best_gamma : 0.05
best_score_part : [1.          1.          0.86666667 0.96666667 0.86666667]
```

模型的平均得分提高了，逐步增大 C 的值：

```
C = [x / 100 for x in range(900, 2500)]
```

输出结果：

```
0.9400000000000001
best_C : 22.08
best_gamma : 0.02
```

可以看到，当 C 增大到 22.08 时，模型的平均得分还是 0.94，与之前的 0.93 相比几乎没有什么变化，因此可以选择 C = 9.23、gamma = 0.05 为最佳参数。

当然还可以使用另一种方法来获取最佳参数，sklearn 库提供了 GridSearchCV 类，可以使用 GridSearchCV 来获取最佳参数。GridSearchCV 可以为指定参数在给定的数值范围内自动选取最佳参数，通常情况下指定参数是一个带有我们想要选取最佳参数的参数名称和参数值的字典。接下来还是以 sklearn 中的鸢尾花数据集为例进行讲解。

假设想要调节 SVM 中的参数 gamma 和参数 C，就可以构建 gamma 和 C 的字典：

```
Gamma = [x / 100 for x in range(1, 100)]

C = [x / 100 for x in range(1, 100)]

parameter = {"C": C, "gamma": Gamma}
```

然后对数据集进行划分，导入 GridSearchCV：

```
from sklearn.svm import SVC
from sklearn.model_selection import GridSearchCV, train_test_split
from sklearn.datasets import load_iris

iris = load_iris()

grid = GridSearchCV(SVC(), parameter)

train_x, test_x, train_y, test_y = train_test_split(iris.data, iris.target,
random_state = 25)
```

GridSearchCV 和 LinearRegression 类似，都具有 fit() 和 score() 方法，下面调用这两种方法：

```
grid.fit(train_x, train_y)

print(grid.score(test_x, test_y))
```

输出结果：

```
0.9210526315789473
```

还可以用 best_estimator_() 方法查看最佳参数对应的模型，用 best_params() 方法查看指定参数的最佳参数值，用 best_score_() 方法查看训练集在交叉验证中的平均得分：

```
print(grid.best_estimator_)
print(grid.best_params_)
print(grid.best_score_)
```

输出结果：

```
SVC(C=0.1, break_ties=False, cache_size=200, class_weight=None, coef0=0.0,
    decision_function_shape='ovr', degree=3, gamma=0.98, kernel='rbf',
    max_iter=-1, probability=False, random_state=None, shrinking=True,
    tol=0.001, verbose=False)
{'C': 0.1, 'gamma': 0.98}
0.9731225296442687
```

利用 GridSearchCV 类，可以同时进行交叉验证和网格搜索，这样可以大大减小代码量：

```
from sklearn.svm import SVC
from sklearn.model_selection import GridSearchCV, cross_val_score
from sklearn.datasets import load_iris

iris = load_iris()

Gamma = [x / 100 for x in range(1, 100)]

C = [x / 100 for x in range(1, 100)]

parameter = {"C": C, "gamma": Gamma}

score = cross_val_score(GridSearchCV(SVC(), parameter), iris.data, iris.target)

print(score)
print(score.mean())
```

输出结果：

```
[0.96666667 1.          0.96666667 0.96666667 1.          ]
0.9800000000000001
```

8.3　评估指标

前文介绍了如何用精度来评估解决分类问题的模型以及如何利用网格搜索找到最佳参数。但模型仅仅靠精度这一个指标来评估是远远不够的，例如构建了一个可以诊断人类是否患有胃癌的模型，并且精度达到了 99.99%，那么前来诊断的人是否相信模型诊断出的结果呢？

我们构建模型的最终目的是解决问题，如果只靠精度这一个评估指标就认定这个模型可以在现实生活中被用来解决实际问题是非常不理智的。因此接下来要介绍更多可以用来评估模型的指标。不同问题所对应的评估指标如图 8-9 所示。

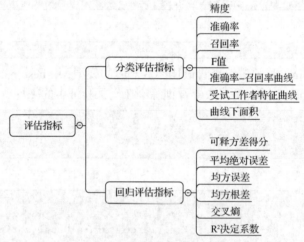

图 8-9　不同问题所对应的评估指标

根据问题的不同将评估指标分为两大类：分类评估指标和回归评估指标。分类评估指标又分为精度、准确率、召回率、F 值、准确率-召回率曲线、受试工作者特征曲线和曲线下面积；回归评估指标又分为可释方差得分、平均绝对误差、均方差和 R^2 值。接下来将进行详细的介绍。

8.3.1　分类评估指标

分类问题常见的主要是二分类问题和多分类问题，本小节也按照这两种类别分别进行讨论。

1. 二分类评估指标

二分类问题是机器学习中较常见、较简单的问题之一，相信读者对二分类问题都不陌生。通常所说的二分类分为正类（positive class）和反类（negative class）。正类和反类没有什么特殊的规定，读者可以自己划定正类和反类。一般我们把心中想要的答案视为正类，也叫真正例（true positive，TP）；把与想要的答案背道而驰的答案视为反类，也叫真反例（true negative，TN）。例如要检测一种食品是否合格，就可以将食品合格视为正类，不合格视为反类。但是也会有一些特殊的情况，如果一个合格的食品被错误地检验为不合格食品，那么这种情况称为假反例（false negative，FN）。如果一个不合格的食品被错误地检验为合格食品，那么这种情况称为假正例（false positive，FP）。二分类指标如图 8-10 所示。

现实	预测	
	正类	反类
正类	TP	FN
反类	FP	TN

图 8-10　二分类指标

在现实生活中，我们希望构建的模型出现 FN 和 FP 的次数越小越好，如果单纯看模型的精度而不去考虑 FN 和 FP，那么这样的模型即使精度高达 100%也没有什么现实意义，不能用来解决问题。

那么在进行评估之前，如何查看二分类的结果呢？这里介绍一种常用的方法——混淆矩阵（confusion matrix）。通过利用 sklearn.metrics 中的 confusion_matrix()方法，可以查看通过模型预测的预测值和真实值之间的差异，也就是观察 TP、TN、FP 和 TN 的个数，且由于讨论的只有两个类别，因此 confusion_matrix()返回的是一个二维矩阵。

下面以 sklearn 中的乳腺癌数据集为例，代码如下：

```
from sklearn.model_selection import train_test_split
from sklearn.linear_model import LogisticRegression
from sklearn.datasets import load_breast_cancer
from sklearn.metrics import confusion_matrix

cancer = load_breast_cancer()

train_x, test_x, train_y, test_y = train_test_split(cancer.data, cancer.target,
random_state = 0)
log = LogisticRegression()
log.fit(train_x, train_y)
pred = log.predict(test_x)
c_matrix = confusion_matrix(test_y, pred)
print("confusion_matrix: \n{}".format(c_matrix))
```

输出结果：

```
confusion_matrix:
[[51  2]
 [ 6 84]]
```

confusion_matrix()返回的二维矩阵的含义如图 8-11 所示。

TN 51	FP 2
FN 6	TP 84

图 8-11　confusion_matrix()返回的二维矩阵

通过观察混淆矩阵，可以直观地观察到模型是否能得到想要的结果。下面用混淆矩阵来比较决策树、核 SVM 和逻辑回归在乳腺癌数据集上的效果。代码如下：

```
log = LogisticRegression()
log.fit(train_x, train_y)
pred_log = log.predict(test_x)
c_matrix_log = confusion_matrix(test_y, pred_log)
```

```
print("confusion_matrix_log: \n{}".format(c_matrix_log))
d_tree = DecisionTreeClassifier()
d_tree.fit(train_x, train_y)
pred_tree = d_tree.predict(test_x)
c_matrix_tree = confusion_matrix(test_y, pred_tree)
print("confusion_matrix_tree: \n{}".format(c_matrix_tree))
svm = SVC()
svm.fit(train_x, train_y)
pred_svm = svm.predict(test_x)
c_matrix_svm = confusion_matrix(test_y, pred_svm)
print("confusion_matrix_svm: \n{}".format(c_matrix_svm))
```

输出结果：

```
confusion_matrix_log:
[[51  2]
 [ 6 84]]
confusion_matrix_tree:
[[50  3]
 [14 76]]
confusion_matrix_svm:
[[45  8]
 [ 1 89]]
```

观察这 3 个混淆矩阵，通过 FN 和 FP 的数量直观判断出逻辑回归的效果最好，决策树的效果最差。逻辑回归和核 SVM 在各方面表现得都要比决策树好，但逻辑回归预测出的 TP 和 TN 更少。因此从结果上来看，逻辑回归构建的模型比核 SVM 和决策树构建的模型的预测效果更好。

（1）精度

前面介绍了用混淆矩阵来分析二分类的结果，其实这种用混淆矩阵分析的结果就是前文所讲的精度（accuracy），也叫精确率。

计算公式：

$$\text{Accuracy} = \frac{TP+TN}{\text{confusion\_matrix.sum}} = \frac{TP+TN}{TP+TN+FP+FN}$$

即精度=预测样本的正确数量除以样本总数。

计算精度可以使用混淆矩阵，也可以使用 accuracy_score()方法。其实 accuracy_score()方法本质上仍然利用混淆矩阵计算，只不过使用起来比混淆矩阵更为简单、方便。

代码实现：

```
from sklearn.metrics import accuracy_score

print("logistic_accuracy_score: {}".format(accuracy_score(test_y, pred_log)))
```

输出结果：

```
logistic_accuracy_score: 0.9440559440559441
```

关于精度，这里不再进行详细介绍，本章的 8.1 节和 8.2 节已经有所介绍。

（2）准确率

下面介绍另一种评估指标——准确率（precision），也叫阳性预测值（positive prediction value，PPV），即预测正确的样本中有多少是 TP。准确率和精确率从字面上看很难区分，准确率表示的是预测正确样本中 TP 的准度，而精确率则表示的是整个样本中预测正确样本的准度，预测正确样本中既包含 TP 也包含 TN。

计算公式：

$$Precision = \frac{TP}{TP + FP}$$

代码实现：

```
from sklearn.metrics import precision_score

print("logistic_precision_score:  {}".format(precision_score(test_y,  pred_
log)))
```

输出结果：

```
logistic_precision_score: 0.9767441860465116
```

（3）召回率

召回率（recall）也叫灵敏度（sensitivity）、命中率（hit rate）和真正例率（true positive rate，TRR），指在所有正确的样本中有多少 TP。召回率适用于避免 FN 的情况，例如区分网贷中信用良好的客户中的不良信用的用户、找到患病病人中的健康人等。召回率越高，那么 FN 被预测出来的概率就越高。

计算公式：

$$Recall = \frac{TP}{TP + FN}$$

代码实现：

```
from sklearn.metrics import recall_score

print("logistic_recall_score: {}".format(recall_score(test_y, pred_log)))
```

输出结果：

```
logistic_recall_score: 0.9333333333333333
```

（4）F 值

F 值也叫 f-分数，f-分数是准确率和召回率的平均调和函数，使用 f-分数能够很好地展现出准确率和召回率之间的关系。

计算公式：

$$f_{\sigma-score} = \frac{\left(1+\beta^2\right) \cdot \left(Precision \cdot Recall\right)}{\beta^2 \cdot \left(Precision + Recall\right)}$$

通常情况下取 $\beta^2 = 1$，这一变体称为 $f_{1-score}$，也叫 f1 分数。把 f1 分数作为二分类的评估指标普遍比把精度作为二分类的评估指标要好得多。

计算公式：

$$f_{1-score} = \frac{2 \cdot Precision \cdot Recall}{Precision + Recall}$$

代码实现：

```
from sklearn.metrics import f1_score

print("logistic_f1_score: {}".format(f1_score(test_y, pred_log)))

from sklearn.metrics import fbeta_score
```

```
    print("logistic_fbeta_score: {}".format(fbeta_score(test_y, pred_log, beta =
0.25)))
```

输出结果：

```
logistic_f1_score: 0.9545454545454545
logistic_fbeta_score: 0.9740791268758525
```

前面介绍了准确率、召回率和 F 值，如果觉得查看这 3 个评估指标太复杂，可以用 sklearn.metrics 中的 classification_report()方法来查看。classification_report()会为每个类别单独生成一行内容，并给出它的准确率、召回率和 f-分数。

代码实现：

```
from sklearn.metrics import classification_report

    print(classification_report(test_y, pred_log, target_names = cancer.target_
names))
```

输出结果：

	precision	recall	f1-score	support
malignant	0.89	0.96	0.93	53
benign	0.98	0.93	0.95	90
accuracy			0.94	143
macro avg	0.94	0.95	0.94	143
weighted avg	0.95	0.94	0.94	143

这里分别列出了良性肿瘤和恶性肿瘤的准确率、召回率和 F 值，support 代表样本，macro avg 是良性肿瘤和恶性肿瘤各项指标的算数平均值（如 f1-score = 0.94 = (0.93+0.95)/2），weighted avg 是良性肿瘤和恶性肿瘤的加权平均值（如 precision =((0.89×53)+(0.98×90))/(53+90) ≈ 0.95）。

（5）准确率–召回率曲线

对分类模型而言，通常可以调节做出分类决策的阈值来提高模型的准确率、召回率和 f1-score 等指标。在进行初次建模的时候，我们想要这个模型能够在某一个阈值上识别出 80% 的恶性肿瘤，可是不知道最佳的阈值，所以一般可以把所有可能取到的阈值先列出来，每一个阈值分别对应一个准确率和一个召回率，这样就可以根据准确率和召回率绘制出一条曲线，以便选择合适的阈值，这样的曲线就叫作准确率–召回率曲线（P-R 曲线），能够满足需求的阈值也叫工作点。代码如下：

```
from sklearn.metrics import precision_recall_curve
import matplotlib.pyplot as plt

precision, recall, thresholds = precision_recall_curve(test_y, pred_log)

plt.plot(precision, recall, '-r')

plt.title("precision_recall_curve")

plt.xlabel("Recall")

plt.ylabel("Precision")

plt.show()
```

输出结果如图 8-12 所示。

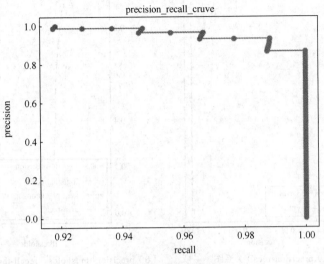

图 8-12 P-R 曲线

从图 8-12 中可以看到，越靠近右上角，准确率和召回率就越高，而此时的阈值就是想要的阈值。或者也可以绘制如下 P-R 曲线：

```
plt.plot(thresholds, precision[: -1], '-r', label = 'precision')
plt.plot(thresholds, recall[: -1], '--b', label = "recall")

plt.legend(loc = "best")

plt.show()
```

输出结果如图 8-13 所示。

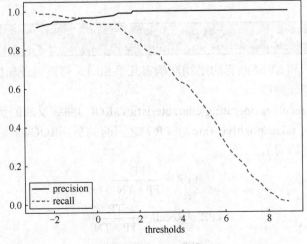

图 8-13 P-R 曲线

这样就可以比较直观地看出我们需要的最佳阈值。图 8-14 所示为 SVM 和逻辑回归的对比，图 8-14（a）所示为 precision-recall 关系图，图 8-14（b）所示为 precision-thresholds、recall-thresholds 关系图，从这两张图中能够很明显地看出逻辑回归的效果要比 SVM 好得多。

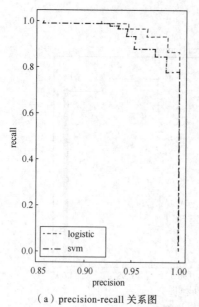
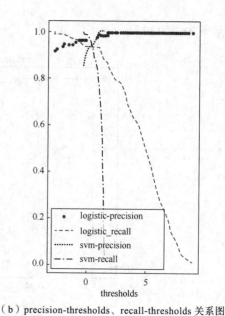

（a）precision-recall 关系图　　　（b）precision-thresholds、recall-thresholds 关系图

图 8-14　SVM 和逻辑回归的对比

　　虽然观察图像可以给我们很多好的建议，但是如果数据量足够大而且不同模型的表现基本相同时，观察并从图像中获取信息可能是一件非常令人头痛的事情，所以可以借助 sklearn.metrics 中的 average_precision_score()（用于计算平均准确率）来总结 P-R 曲线。average_precision_score() 会自动计算并返回 P-R 曲线的积分（即与横坐标轴围成的面积）。

```
from sklearn.metrics import average_precision_score
print("Logistic_average-precision-score: {}".format(average_precision_score
(test_y, log.decision_function(test_x))))
print("svm_average-precision-score: {}".format(average_precision_score(test_y,
svm.decision_function(test_x))))
```

输出结果：

```
Logistic_average-precision-score: 0.995972464973359
svm_average-precision-score: 0.9907482202592541
```

　　可以看到逻辑回归和 SVM 两者的平均准确率几乎相同，但还是逻辑回归领先一步。

　　（6）受试者工作特征曲线

　　受试者工作特征（receiver operating characteristics，ROC）曲线反映的是真正率（true positive rate，TPR）和假正率（false positive rate，FPR）之间的关系。ROC 曲线和 P-R 曲线类似，都考虑的是所有可能取到的阈值。

$$FPR = \frac{FP}{FP + TN}$$

$$TPR = Recall = \frac{TP}{TP + TN}$$

　　代码实现：

```
from sklearn.metrics import roc_curve
fpr, tpr, thresholds = roc_curve(test_y, log.decision_function(test_x))
plt.plot(fpr, tpr, ':r', label = "ROC curve")
plt.legend(loc = "best")
plt.xlabel("FPR")
```

```
    plt.ylabel("TPR")
    plt.title("logistic-ROC curve")
    plt.show()
```

输出结果如图 8-15 所示。

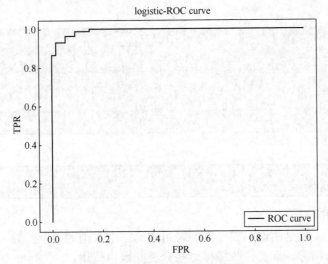

图 8-15 逻辑回归的 ROC 曲线

由于测试样本比较少，可以取到的阈值只有 12 个，因此曲线显得不是很平滑。对于构建的模型，都希望其召回率很高，但同时也要确保假正率很低，只有达到这样的效果，模型才能真正被应用来解决实际问题。所以，对 ROC 曲线来说，曲线越靠近左上角，模型的召回率（真正率）也就越高，假正率也就越低。

图 8-16 所示为 SVM 和逻辑回归 ROC 曲线的对比，也可以明显看到逻辑回归的效果要好于SVM。

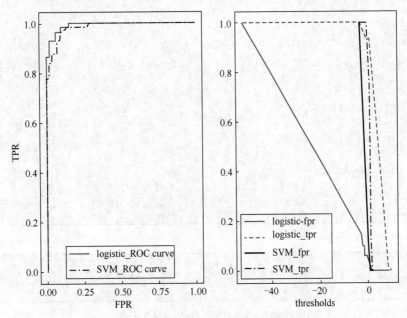

图 8-16 SVM 和逻辑回归 ROC 曲线的对比

（7）曲线下面积

曲线下面积（area under the curve，AUC）中的曲线指的是 ROC 曲线。AUC 一般被用来计算 ROC 曲线的积分（即曲线与横坐标轴围成的面积），与平均准确率类似，AUC 是总结 ROC 曲线的一种方法。

代码实现：

```
from sklearn.metrics import roc_auc_score

print("Logistic_AUC: {}".format(roc_auc_score(test_y, log.decision_function
(test_x))))

print("SVM_AUC: {}".format(roc_auc_score(test_y, svm.decision_function (test_
x))))
```

输出结果：

```
Logistic_AUC: 0.9930817610062893
SVM_AUC: 0.9842767295597485
```

2. 多分类评估指标

多分类评估问题，就是由许多二分类问题组成的一个大型的分类问题。前文讨论了许多关于二分类问题的评估指标，其实这些指标对多分类问题也适用。

例如，对于可以表达分类结果的混淆矩阵 confusion_matrix，我们研究的问题有 N 个类别，confusion_matrix 就会返回一个 $N×N$ 的矩阵来显示分类的结果。

这里不再以乳腺癌数据集（只有两个类别）为例，接下来的内容将以鸢尾花数据集作为多分类问题的例子。

```
from sklearn.datasets import load_iris
from sklearn.metrics import confusion_matrix
from sklearn.linear_model import LogisticRegression
from sklearn.model_selection import train_test_split

iris = load_iris()

train_x, test_x, train_y, test_y = train_test_split(iris.data, iris.target,
random_state = 0)

log = LogisticRegression()

log.fit(train_x, train_y)

pred_log = log.predict(test_x)

print("Logistic_confusion_matrix: \n{}".format(confusion_matrix(test_y, pred_
log)))
```

输出结果：

```
[[13  0  0]
 [ 0 15  1]
 [ 0  0  9]]
```

鸢尾花数据集三分类问题的混淆矩阵的含义如图 8-17 所示。

实际0	**13**	**0**	**0**
实际1	**0**	**15**	**1**
实际2	**0**	**0**	**9**

预测0　预测1　预测2

图 8-17　鸢尾花数据集三分类问题的混淆矩阵的含义

由图 8-17 可知，每一个类别都可以被划分成一个二分类问题来解释，即划分为一个 2×2 的矩阵。因此，对于多分类问题，也可以将其划分成多个二分类问题解决。

多分类问题的各项评估指标：

```
from sklearn.metrics import accuracy_score

print("Logistic_accuracy_score: {}".format(accuracy_score(test_y, pred_log)))

from sklearn.metrics import classification_report

print("Logistic_classification: \n{}".format(classification_report(test_y, pred_
log)))
```

输出结果：

```
Logistic_accuracy_score: 0.9736842105263158
Logistic_classification:
              precision    recall  f1-score   support

           0       1.00      1.00      1.00        13
           1       1.00      0.94      0.97        16
           2       0.90      1.00      0.95         9

    accuracy                           0.97        38
   macro avg       0.97      0.98      0.97        38
weighted avg       0.98      0.97      0.97        38
```

8.3.2　回归评估指标

8.3.1 小节讨论了分类问题的评估指标，对于分类问题，可以通过精度、准确率、召回率和 f1-score 等多个指标来进行全面的评估。特别对于二分类问题，还可以通过 P-R 曲线、ROC 曲线和 AUC 等指标来评估。但是对于回归问题，一般默认使用 R^2 决定系数来评估，也就是使用所有回归器中的 score()方法。当然还可以计算出可释方差得分、平均绝对误差、均方差等一系列的回归评估指标来对模型的泛化能力进行全面的评估，但相对于 R^2 决定系数来说，这些指标更为抽象。

下面以 sklearn 中的 make_blobs 自动计算出的一个随机正态分布数据集为例，分别介绍各类回归评估指标。

```
from sklearn.datasets import make_blobs
from sklearn.linear_model import LinearRegression
from sklearn.model_selection import train_test_split

x, y = make_blobs(n_samples = 600, random_state = 25)
```

```
train_x, test_x, train_y, test_y = train_test_split(x, y, random_state = 0)

reg = LinearRegression()

reg.fit(train_x, train_y)

pred = reg.predict(test_x)

print(reg.score(test_x, test_y))
```

输出结果：

```
0.841849887609535
```

1. 可释方差得分

可释方差得分（explained variance score），得分越接近于 1 表示回归效果越好。

$$\text{explained\_variance}(y, \hat{y}) = 1 - \frac{\text{Var}(y - \hat{y})}{\text{Var}(y)}$$

$$\text{Var}(x) = \sum_{i=1}^{n} \frac{(x_i - \overline{x})}{n} \ , \quad \overline{x} = \frac{\sum_{i=1}^{n} x_i}{n}$$

其中，n 表示样本个数，$\overline{x}$ 表示数据的平均值，Var 表示方差，y 表示真实值，$\hat{y}$ 表示预测值。

代码实现：

```
from sklearn.metrics import explained_variance_score

print("explained_variance_score: {}".format(explained_variance_score(test_y, pred)))
```

输出结果：

```
explained_variance_score: 0.8428310532754346
```

2. 平均绝对误差

平均绝对误差（mean absolute error，MAE），是绝对误差的平均值，值越接近 0 表示回归效果越好。

$$\text{MAE}(y, \hat{y}) = \sum_{i=1}^{n} \frac{|y - \hat{y}|}{n}$$

其中，n 表示样本个数，y 表示真实值，$\hat{y}$ 表示预测值。

代码实现：

```
from sklearn.metrics import mean_absolute_error

print("mean_absolute_error: {}".format(mean_absolute_error(test_y, pred)))
```

输出结果：

```
mean_absolute_error: 0.27861892573435865
```

3. 均方差

均方差（mean square error，MSE），是绝对误差平方的平均值，值越接近 0 表示回归效果越好。

$$MSE(y, \hat{y}) = \sum_{i=1}^{n} \frac{|y - \hat{y}|^2}{n}$$

其中，n 表示样本个数，y 表示真实值，$\hat{y}$ 表示预测值。

代码实现：

```
from sklearn.metrics import mean_squared_error

print("mean_squared_error: {}".format(mean_squared_error(test_y, pred)))
```

输出结果：

```
mean_squared_error: 0.113165191532732 59
```

4. R^2 决定系数

R^2 决定系数又称为拟合优度，在众多回归评估指标中能够最直观地反映泛化能力。

代码实现：

```
from sklearn.metrics import r2_score

print("R3-score: {}".format(r2_score(test_y, pred)))
```

输出结果：

```
R3-score: 0.8418498876095352
```

8.4 小结

本章介绍了如何对一个模型进行全面的评估，以及评估模型的各项评估指标。利用交叉验证（如 cross_val_score()）来评估模型的泛化能力、利用网络搜索（如 GridSearchCV）找到最佳的参数以及利用精度准确率、召回率等评估指标来对模型进行全面的分析。例如，对于二分类问题，可以使用 P-R 曲线、POC 曲线来找到最佳的阈值，或者利用 AUC 来比较两种模型的优劣等；对于回归问题，可以通过 R^2 决定系数最直观地表现模型的回归效果。当然，评估模型的方法有很多，一个模型是不是一个好的模型并不只看它在这一固定的数据集上的表现及评估，还要看它是否具有解决现实生活中实际问题的能力。

习题 8

1. 什么是交叉验证？交叉验证有几种方法？
2. 什么是网格搜索？
3. 什么是精度、准确率、召回率？

第9章 综合实战

前文讲解了机器学习的算法、数据预处理、特征工程、交叉验证和网格搜索等，本章主要介绍对前文所介绍知识的应用，如利用 Pipeline 类建立管道模型，将机器学习的流程打包到一起；对文本数据进行进一步处理；对真实数据集进行处理等。

9.1 管道模型

机器学习的构建步骤包括对数据集进行训练、进行预处理、进行特征选取和利用算法建立模型评估等。上面 4 个步骤构成一个流水式的流程，而管道模型则实现了对全部步骤的流式化封装和管理。

那么不使用管道不行吗？有些时候确实不行。假设利用 make_blobs 数据集生成标准差为 5 的数据集，然后进行处理。

```
from sklearn.datasets import make_blobs
from sklearn.model_selection import train_test_split
from sklearn.preprocessing import StandardScaler
import matplotlib.pyplot as plt
X,y = make_blobs(n_samples=500,centers=2,cluster_std=5)
X_train,X_test,y_train,y_test   =   train_test_split(X,y,
random_state=9)
scaler = StandardScaler().fit(X_train)
X_train_scaled = scaler.transform(X_train)
X_test_scaled = scaler.transform(X_test)
plt.scatter(X_train[:,0],X_train[:,1])
plt.   scatter(X_train_scaled[:,0],X_train_scaled[   :,1],
marker='^',edgecolor='k' )
plt.title ('training set & scaled training set')
plt.show()
```

输出结果如图 9-1 所示。

对数据进行预处理是为了算法能够更好地建立模型，下面加入 SVM 算法。代码如下：

```
from sklearn.datasets import make_blobs
from sklearn.model_selection import train_test_split
from sklearn.preprocessing import StandardScaler
from sklearn.svm import SVC
```

```
X,y = make_blobs(n_samples=500,centers=2,cluster_std=5)
X_train,X_test,y_train,y_test = train_test_split(X,y,random_state=9)
scaler = StandardScaler().fit(X_train)
X_train_scaled = scaler.transform(X_train)
X_test_scaled = scaler.transform(X_test)
svm = SVC()
svm.fit(X_train_scaled,y_train)
print("test score:{}".format(svm.score(X_test_scaled,y_test)))


test score:0.864
```

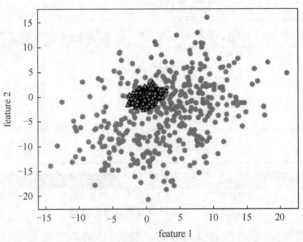

图 9-1 StandardScaler 处理前后数据集的对比

接下来还可以通过网格搜索选取最佳参数：

```
from sklearn.datasets import make_blobs
from sklearn.model_selection import train_test_split
from sklearn.preprocessing import StandardScaler
from sklearn.svm import SVC
from sklearn.model_selection import GridSearchCV
X,y = make_blobs(n_samples=500,centers=2,cluster_std=5)
X_train,X_test,y_train,y_test = train_test_split(X,y,random_state=9)
scaler = StandardScaler().fit(X_train)
X_train_scaled = scaler.transform(X_train)
X_test_scaled = scaler.transform(X_test)
param_grid = {'C': [0.01, 0.1, 1, 10, 100],'gamma': [0.01, 0.1, 1, 10, 100]}
grid = GridSearchCV(SVC(), param_grid=param_grid, cv=5)
grid.fit(X_train_scaled, y_train)
print("Best cross-validation accuracy: {}".format(grid.best_score_))
print("Best set score: {}".format(grid.score(X_test_scaled, y_test)))
print("Best parameters: {}",format(grid.best_params_))
```

输出结果：

```
Best cross-validation accuracy: 0.9386666666666666
Best set score: 0.952
Best parameters: {} {'C': 0.1, 'gamma': 0.01}
```

经过网格搜索得到的精度达到了约 95%，但其实上述步骤中出现了错误。在进行数据预处理的时候，用 StandardScaler 拟合了训练集 scaler，再用这个拟合后的 scaler 去分别转换了 X_train、X_test，这一步没有错。但在进行网格搜索的时候，用 GridSearchCV 来拟合训练集。在进行交叉验证的时候，对 train_scaled 进行了拆分，这时的 train_scaled 基于训练集用 StandardScaler 拟合后再对自身进行转换，相当于用 StandardScaler 拟合了交叉验证中生成的测试集后，再用 scaler 转换这个测试集，如图 9-2 所示。

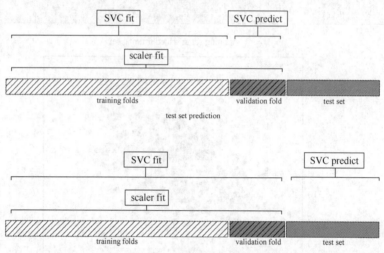

图 9-2　交叉验证对数据集的处理

```
import mglearn
import matplotlib.pyplot as plt
mglearn.plots.plot_improper_processing()
plt.show()
```

从图 9-2 中可以看到，这样的做法是错误的，交叉验证的得分是不准确的。为了解决这个问题，在交叉验证的过程中，应该在进行任何预处理之前完成数据集的划分。那怎么在预处理之前完成数据集的划分呢，显然一次次划分太麻烦，因此就需要用到管道模型。

那么如何建立管道模型呢，在 sklearn 库中存在 Pipeline 库，导入之后就能使用了。代码如下：

```
from sklearn.datasets import make_blobs
from sklearn.model_selection import train_test_split
from sklearn.preprocessing import StandardScaler
from sklearn.svm import SVC
from sklearn.pipeline import Pipeline
X,y = make_blobs(n_samples=500,centers=2,cluster_std=5)
X_train,X_test,y_train,y_test = train_test_split(X,y,random_state=9)
pipe = Pipeline([("scaler", StandardScaler()), ("svm", SVC())])
pipe.fit(X_train, y_train)
print("Test score: {}".format(pipe.score(X_test, y_test)))

Test score: 0.904
```

建立管道模型还有一个简单的方法，就是利用 make_pipeline()函数：

```
from sklearn.pipeline import make_pipeline
```

```
#标准语法
pipe = Pipeline([("scaler", StandardScaler()), ("svm", SVC())])
#缩写语法
pipe_short = make_pipeline(StandardScaler(), SVC())
```

建立管道模型后，对比之前数据预处理以及算法建模过程，所需的代码量大大减少，接下来就需要避免在预处理过程中使用不当的方式对训练集和验证集进行错误的预处理。

通过使用管道模型，可以在网格搜索每次拆分训练集与验证集之前，重新对训练集和验证集进行预处理操作，从而避免模型过拟合的情况。管道配合网格搜索使用，定义一个需要搜索的参数网格，并利用管道和参数网格构建 GridSearchCV，然后需要为每个参数指定它在管道中所需的工作步骤。代码如下：

```
from sklearn.datasets import make_blobs
from sklearn.model_selection import train_test_split
from sklearn.svm import SVC
from sklearn.preprocessing import StandardScaler
from sklearn.pipeline import Pipeline
from sklearn.model_selection import GridSearchCV
X,y = make_blobs(n_samples=500,centers=2,cluster_std=5)
X_train,X_test,y_train,y_test = train_test_split(X,y,random_state=9)
param_grid = {'svm__C': [0.01, 0.1, 1, 10, 100],'svm__gamma': [0.01, 0.1, 1, 10,100]}
pipe = Pipeline([("scaler", StandardScaler()), ("svm", SVC())])
grid = GridSearchCV(pipe, param_grid=param_grid, cv=5)
grid.fit(X_train, y_train)
print("Best cross-validation accuracy: {:.2f}".format(grid.best_score_))
print("Test set score: {:.2f}".format(grid.score(X_test, y_test)))
print("Best parameters: {}".format(grid.best_params_))

Best cross-validation accuracy: 0.94
Test set score: 0.96
Best parameters: {'svm__C': 0.1, 'svm__gamma': 0.1}
```

通过在网格搜索中使用管道，解决了进行任何预处理之前完成数据集划分的问题。此时的交叉验证对数据集的处理如图 9-3 所示。代码如下：

```
import mglearn
import matplotlib.pyplot as plt
mglearn.plots.plot_proper_processing()
plt.show()
```

Pipeline 类不但可用于预处理和网格搜索，实际上还可用于将任意数量的估计器连接在一起，也可用于构建一个包含特征提取、特征选择、缩放和分类的管道。代码如下：

```
from sklearn.preprocessing import StandardScaler
from sklearn.preprocessing import MinMaxScaler
from sklearn.pipeline import make_pipeline
pipe = make_pipeline(StandardScaler(), MinMaxScaler(), StandardScaler())
print("Pipeline steps:\n{}".format(pipe.steps))

Pipeline steps:
 [('standardscaler-1', StandardScaler(copy=True, with_mean=True, with_std=True)),
('minmaxscaler',        MinMaxScaler(copy=True,        feature_range=(0,        1))),
('standardscaler-2', StandardScaler(copy=True, with_mean=True, with_std=True))]
```

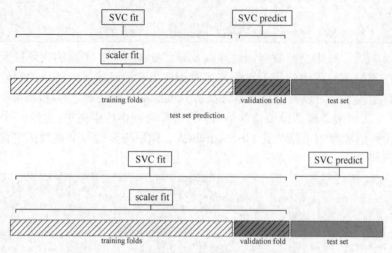

图 9-3 建立管道后的交叉验证对数据集的处理

这里在管道中进行了两次预处理，两次预处理属于同一阶段，可以看到管道的工作步骤。根据需要可以将任意数量的估计器都构建到一个管道里。

利用管道还可以创建多分类器的管道。在前文的线性回归内容中，我们知道利用其构建的模型容易产生过拟合，所以需要正则化。接下来利用管道来对两种正则化方式进行选择以及进行参数的调优。代码如下：

```
from sklearn.datasets import load_breast_cancer
from sklearn.model_selection import train_test_split
from sklearn.preprocessing import StandardScaler
from sklearn.linear_model import Ridge
from sklearn.linear_model import Lasso
from sklearn.model_selection import GridSearchCV
from sklearn.pipeline import Pipeline
pipe = Pipeline([('scaler', StandardScaler()), ('classifier', Ridge())])
param_grid = [{'classifier':[Ridge()],'scaler':[StandardScaler(),None], 'classifier_
_alpha':[0.001, 0.01, 0.1, 1, 10, 100]},{'classifier':[Lasso()],'scaler':[Standard
Scaler(),None],'classifier__alpha':[0.001, 0.01, 0.1, 1, 10, 100]}]
canner = load_breast_cancer()
X_train, X_test, y_train, y_test = train_test_split(canner.data, canner.target,
random_state=2)
grid = GridSearchCV(pipe, param_grid, cv=5)
grid.fit(X_train,y_train)
print("Best params:{}".format(grid.best_params_))
print("Best cross-validation score: {}".format(grid.best_score_))
print("Test-set score: {}".format(grid.score(X_test, y_test)))

Best params:{'classifier': Ridge(alpha=0.01, copy_X=True, fit_intercept=True,
max_iter=None, normalize=False,  random_state=None,  solver='auto',  tol=0.001),
'classifier__ alpha': 0.01, 'scaler': None}
Best cross-validation score: 0.7452070545359628
Test-set score: 0.7251400811351383
```

对比两种正则化方式，发现岭回归在 alpha=0.01 时效果更好。

9.2　文本数据处理

本节是对文本特征提取的补充与扩展。文本数据处理，简而言之就是自然语言处理，是人工智能重要的分支之一。本节将从 sklearn 和 NLTK 两个不同的方面对文本数据处理进行讲解。

9.2.1　扩展与深化——不同方式的文本数据处理

前文利用 sklearn 库简单地介绍了一些关于文本数据处理的知识，例如 CountVectorizer、N-Grams、TF-IDF 等。下面将对其进行详细介绍。

在拿到文本数据并对其进行处理之前，首先要做的就是将其转换成机器能够看懂的机器语言。文字只是表达我们所说内容的载体，其所适用的对象仅限于人类。例如，拿着一段中文文本让一个从未见过或者听过中文的外国人看懂，这是强人所难的。

那如何才能将文本数据翻译成机器语言呢？第一步是对文本进行分词，把一段话或者一句话中所要表达的主要意思提取出来。例如，"今天是星期一，我要去上学"这句话，完成分词操作后将会变成"今天""是""星期一""我""要去""上学"。将一段话或者一句话，拆分成基本单元，这就是分词操作。

对于英文文本，可以借助正则化进行分词，而对于中文文本，多用 jieba 进行分词。对于英文文本，虽然可以通过正则化对文本进行分词，但如何删去冗余的停止词，是令我们头疼的操作。

1.　利用 sklearn 对英文文本进行分词

例如，有下面这样一段英文文本。

Life is a chess-board The chess-board is the world: the pieces are the phenomena of the universe; the rules of the game are what we call the laws of nature. The player on the other side is hidden from us. We know that his play is always fair, just and patient. But also we know, to our cost, that he never overlooks a mistake, or makes the smallest allowance for ignorance.

对这段文本使用正则化分词：

```
import re
s = input()
s = s.lower()
s = re.sub(r'\,|\.', ' ', s)
s = re.sub(r'[0-9]', ' ', s)
s = re.split(r'\s+', s)
```

输出结果：

```
Words:
  ['life', 'is', 'a', 'chess-board', 'the', 'chess-board', 'is', 'the', 'world:',
'the', 'pieces', 'are', 'the', 'phenomena', 'of', 'the', 'universe;', 'the', 'rules',
'of', 'the', 'game', 'are', 'what', 'we', 'call', 'the', 'laws', 'of', 'nature',
'the', 'player', 'on', 'the', 'other', 'side', 'is', 'hidden', 'from', 'us', 'we',
'know', 'that', 'his', 'play', 'is', 'always', 'fair', 'just', 'and', 'patient',
'but', 'also', 'we', 'know', 'to', 'our', 'cost', 'that', 'he', 'never', 'overlooks',
'a', 'mistake', 'or', 'makes', 'the', 'smallest', 'allowance', 'for', 'ignorance','']
```

使用 sklearn 自带的停止词库进行分词：

```
from sklearn.feature_extraction.text import CountVectorizer
```

```
import re
s = input()
s = re.sub(r'[0-9]', ' ', s)
s = re.split(r'\.|\,', s)
vec = CountVectorizer(stop_words = 'english')
tmp= vec.fit_transform(s)
print(vec.get_feature_names())
```

输出结果：

```
['allowance', 'board', 'chess', 'cost', 'fair', 'game', 'hidden', 'ignorance',
'just', 'know', 'laws', 'life', 'makes', 'mistake', 'nature', 'overlooks', 'patient',
'phenomena', 'pieces', 'play', 'player', 'rules', 'smallest', 'universe', 'world']
```

这里要注意，由于作者是直接在编译器中进行输入的，需要将一整段文本中的字符串分开，因此才会使用正则化。如果用 open() 直接打开文本，就不需要使用正则化。

2. 利用 jieba 对中文文本进行分词

上面两种方法是 sklearn 对英文文本的分词方法，可以明显感受到，使用 sklearn 自带的 CountVectorizer 来进行分词是优于使用正则化进行分词的。但是 sklearn 有一个弊端就是不能对中文文本进行分词，需要加载额外的库 jieba 来对其进行分词。下面来看如何使用 jieba 对中文文本进行分词。

jieba 作为 Python 的第三方库，本身可以用 Python 自带的 pip 进行下载和安装。

按<Win+R>组合键打开命令提示符窗口，输入如下代码：

```
pip install jieba
```

读者也可以去官网下载.whl 文件，然后将其手动放入 site-package 目录里。

接下来就可以对中文文本进行分词操作了。首先利用 open() 读入一段文本。

```
import jieba
file = open("D://txt01.txt", "r+", encoding='utf-8')
l = file.readline()
print(l)
```

输出结果：

生活是一个棋盘，棋盘就是世界：棋子就是宇宙的现象；游戏规则就是我们所说的自然法则。另一边的玩家对我们隐藏起来了。我们知道他的比赛总是公平、公正和耐心的。但是我们也知道，他从不忽略错误，或者对无知做出最小的让步，这让我们付出了代价。

用 jieba 进行分词，主要利用了 jieba 的 cut() 函数。cut() 主要有 3 种模式，包括精确模式、全模式和搜索引擎模式。下面分别对其进行介绍。

（1）精确模式

精确模式在不影响文本大意的前提下，尽可能地将句子精确切开，此时 cut() 的参数 cut_all 应为 False。

```
tmp = jieba.cut(l, cut_all=False)
print("/".join(tmp))
```

输出结果：

生活/是/一个/棋盘/棋盘/就是/世界/：/棋子/就是/宇宙/的/现象/；/游戏规则/就是/我们/所说/的/自然法则/。/另一边/的/玩家/对/我们/隐藏/起来/了/。/我们/知道/他/的/比赛/总是/公平/、/公正/和/耐心/的/。/但是/我们/也/知道/，/他/从不/忽略/错误/，/或者/对/无知/做出/最小/的/让步/，/这/让/我们/付出/了/代价/。

（2）全模式

全模式不考虑句子本身的意思，对句子尽可能地进行分词操作，此时 cut() 的参数 cut_all 应为 True。

```
tmp = jieba.cut(l, cut_all=True)
print("/".join(tmp))
```

输出结果：

> 生活/是/一个/棋盘/棋盘/就是/世界/:/棋子/就是/宇宙/的/现象/；/游戏/游戏规则/规则/就是/我们/所说/的/自然/自然法/自然法则/法则/。/另一边/一边/的/玩家/对/我们/隐藏/起来/了/。/我们/知道/他/的/比赛/总是/公平/、/公正/和/耐心/的/。/但是/我们/也/知道/，/他/从不/忽略/错误/，/或者/对/无知/做出/最小/的/让步/，/这/让/我们/付出/了/代价/。

（3）搜索引擎模式

搜索引擎模式在精确模式的基础上，对比较长的词语进行划分，以提高分词的召回率，这也是在搜索引擎上常用的一种方法。

```
tmp = jieba.cut_for_search(l)
print("/".join(tmp))
```

输出结果：

> 生活/是/一个/棋盘/棋盘/就是/世界/:/棋子/就是/宇宙/的/现象/；/游戏/规则/游戏规则/就是/我们/所说/的/自然/法则/自然法/自然法则/。/一边/另一边/的/玩家/对/我们/隐藏/起来/了/。/我们/知道/他/的/比赛/总是/公平/、/公正/和/耐心/的/。/但是/我们/也/知道/，/他/从不/忽略/错误/，/或者/对/无知/做出/最小/的/让步/，/这/让/我们/付出/了/代价/。

当然 jieba 是没有内置的停止词库的，如果需要删除停止词还需要读者自行构建或者导入停止词库。

3. 利用 NLTK 对文本进行分词

NLTK 是自然语言处理工具包，在自然语言处理领域中是常使用的 Python 库之一。这里以英文文本为例，对 NLTK 库的使用进行讲解。如何对中文文本进行分词作为扩展的内容，有需要的读者可以自行学习和了解。

按 <Win+R> 组合键打开命令提示符窗口，输入 "pip install nltk" 进行安装，安装完成后，打开 PyCharm 输入如下代码：

```
import nltk
nltk.download()
```

然后下载所需的组件进行安装。

NLTK 较 sklearn 的分词方式有两大优势：一是 NLTK 支持整段文本句子化，可利用 sent_tokenize() 来对整段文本进行分句；二是 NLTK 支持段落直接分词，而不是先将其分成句了，然后分词。

利用 sent_tokenize() 进行分句：

```
from nltk.tokenize import sent_tokenize, word_tokenize
s = input()
s = sent_tokenize(s)
for i in s:
    print ("Sentence: ", i)
```

输出结果：

```
    Sentence:  Life is a chess-board The chess-board is the world: the pieces are
the phenomena of the universe; the rules of the game are what we call the laws of
nature.
    Sentence:  The player on the other side is hidden from us.
    Sentence:  We know that his play is always fair, just and patient.
    Sentence:  But also we know, to our cost, that he never overlooks a mistake, or
makes the smallest allowance for ignorance.
```

利用 word_tokenize()进行分词：

```
from nltk.tokenize import  word_tokenize
s = input()
s = word_tokenize(s)
print(s)
```

输出结果：

```
    ['Life', 'is', 'a', 'chess-board', 'The', 'chess-board', 'is', 'the', 'world',
':', 'the', 'pieces', 'are', 'the', 'phenomena', 'of', 'the', 'universe', ';', 'the',
'rules', 'of', 'the', 'game', 'are', 'what', 'we', 'call', 'the', 'laws', 'of',
'nature', '.', 'The', 'player', 'on', 'the', 'other', 'side', 'is', 'hidden', 'from',
'us', '.', 'We', 'know', 'that', 'his', 'play', 'is', 'always', 'fair', ',', 'just',
'and', 'patient', '.', 'But', 'also', 'we', 'know', ',', 'to', 'our', 'cost', ',',
'that', 'he', 'never', 'overlooks', 'a', 'mistake', ',', 'or', 'makes', 'the',
'smallest', 'allowance', 'for', 'ignorance', '.']
```

有读者可能会问，为什么分完词之后那些标点符号以及一些无用的词语没有被去掉呢？这就涉及下面要讲的 NLTK 停止词的使用（关于分词操作，使用 sent_tokenize()将文章分为句子后也可以进行分词操作，这里不再进行讨论）。

4. NLTK 停止词的使用

第 7 章已经对停止词做了详细的介绍，读者可以到第 7 章自行查看。下面介绍关于 NLTK 停止词的使用。

由于 NLTK 内置了停止词库，可以在 nltk.corpus 里找到它并查看其组成。

```
from nltk.corpus import stopwords
print(set(stopwords.words('english')))
```

输出结果：

```
    {'because', 'over', 'until', 'has', 'ours', 'after', 'ourselves', 'in', 'any',
'won', 'being', 'against', 'does', 'no', 'them', 'myself', 'isn', 'ain', 'him',
'itself', 'which', 'can', 'by', 'for', 'between', 'be', 'below', 'me', 'and', 'these',
'its', 'we', 'with', 'again', 'once', 'it', 'having', 'o', 'don', 'this', 'out',
'own', 'your', 'an', 'hers', 'ma', 'but', 'up', 'there', 'if', 'have', 'how', 'just',
'our', 'a', 've', 'where', 're', 'most', 'what', 'mightn', 'nor', 'herself', 'shan',
'too', 'was', 'from', 'am', 'to', 'as', 'such', 'very', 'wouldn', 'himself', 'then',
'are', 'under', 'm', 'while', 'through', 'should', 'their', 'themselves', 'few',
'of', 'other', 'mustn', 'both', 'the', 'each', 'my', 'some', 'she', 'that', 'than',
'only', 'he', 'now', 'same', 'so', 'wasn', 'didn', 'on', 'whom', 't', 'hasn', 'not',
'd', 'were', 'yourselves', 'do', 'or', 'about', 'during', 'needn', 'yours', 'hadn',
'aren', 's', 'yourself', 'couldn', 'they', 'at', 'weren', 'her', 'doesn', 'off',
'theirs', 'who', 'all', 'above', 'into', 'y', 'doing', 'why', 'll', 'here', 'those',
'been', 'more', 'will', 'when', 'i', 'haven', 'his', 'did', 'you', 'before',
'shouldn', 'is', 'down', 'had', 'further'}
```

共计 153 个停止词，如果有特殊需要的话，读者也可以自行添加停止词。

然后从文本中删除停止词。

```
from nltk.corpus import stopwords
from nltk.tokenize import word_tokenize
```

```
s = input()
s = s.lower()
stop_words = set(stopwords.words('english'))
s = word_tokenize(s)
tmp = [x for x in s if not x in stop_words]
m = []
for x in tmp:
        if x not in stop_words and x not in m:
            m.append(x)
print("tmp: \n", tmp)
print("m: \n", m)
```

输出结果：

```
tmp:
    ['life', 'chess-board', 'chess-board', 'world', ':', 'pieces', 'phenomena',
'universe', ';', 'rules', 'game', 'call', 'laws', 'nature', '.', 'player', 'side',
'hidden', 'us', '.', 'know', 'play', 'always', 'fair', ',', 'patient', '.', 'also',
'know', ',', 'cost', ',', 'never', 'overlooks', 'mistake', ',', 'makes', 'smallest',
'allowance', 'ignorance', '.']
    m:
    ['life', 'chess-board', 'world', ':', 'pieces', 'phenomena', 'universe', ';',
'rules', 'game', 'call', 'laws', 'nature', '.', 'player', 'side', 'hidden', 'us',
'know', 'play', 'always', 'fair', ',', 'patient', 'also', 'cost', 'never',
'overlooks', 'mistake', 'makes', 'smallest', 'allowance', 'ignorance']
```

接下来只需要删除一些残留的标点符号即可。

```
delete = [',', '.', ':', ';']
for i in delete:
    if i in m:
            m.remove(i)

print("m: \n", m)
```

输出结果：

```
m:
    ['life', 'chess-board', 'world', 'pieces', 'phenomena', 'universe', 'rules',
'game', 'call', 'laws', 'nature', 'player', 'side', 'hidden', 'us', 'know', 'play',
'always', 'fair', 'patient', 'also', 'cost', 'never', 'overlooks', 'mistake',
'makes', 'smallest', 'allowance', 'ignorance']
```

9.2.2 文本数据的优化处理

本小节主要是关于如何利用 NLTK 对文本数据进行优化处理的。由于前文已经讲过 sklearn 对文本数据优化处理的相关内容，因此此处不再过多叙述。

1. 利用 NLTK 对文本数据进行优化处理

前文利用 NLTK 进行了分词操作，将一整篇文章分成若干个独立的基本单元，但是这种简单的分词方式，也会出现一些问题，读者是否想到了呢？来看下面一串代码。

输入"I have a book, but he has two books."，代码如下：

```
s = input()
s = s.lower()
stop_words = set(stopwords.words('english'))
s = word_tokenize(s)
```

```
    tmp = [x for x in s if not x in stop_words]
    m = []
    for x in tmp:
        if x not in stop_words and x not in m:
            m.append(x)

    delete = [',', '.', ':', ';']

    for i in delete:
        if i in m:
            m.remove(i)

    print("m: \n", m)
```

输出结果：

```
    m:
     ['book', 'two', 'books']
```

看到这里读者是不是明白了呢？ "has" "have" 和 "books" "book" 这两组单词其实是一个单词的不同形式， "has" 是 "have" 的第三人称形式， "books" 是 "book" 的复数形式。这里 NLTK 的分词默认它们是不同的单词，所以会出现上述的结果。针对这种情况，可以对已经分完词的列表 m 进行词干提取操作。什么是词干提取呢？ 顾名思义就是，将一个英文单词的词干提取出来，例如 "having" 提取词干之后会变成 "have"， "imaging" 提取词干之后会变成 "image"。可以利用 ntlk.stem 中的 PorterStemmer() 提取词干。

```
    from nltk.stem import PorterStemmer

    ps = PorterStemmer()

    M = []

    for i in m:
        if (ps.stem(i) not in M):
            M.append(ps.stem(i))

    print("M: \n", M)
```

输出结果：

```
    M:
     ['book', 'two']
```

在这里，由于 "have" 和 "has" 是停止词，在分词的时候会被过滤掉，因此不必考虑 "have" 和 "has" 的关系。

当然，nltk.stem 中的 SnowballStemmer() 也可以提取词干：

```
    from nltk.stem import SnowballStemmer

    ss = SnowballStemmer('english')

    M = []

    for i in m:
        if (ss.stem(i) not in M):
```

```
        M.append(ss.stem(i))

print("M: \n", M)
```

输出结果：

```
M:
 ['book', 'two']
```

还可以用 nltk.stem.snowball 中的 EnglishStemmer()来提取词干：

```
from nltk.stem.snowball import EnglishStemmer

es = EnglishStemmer()

M = []

for i in m:
        if (es.stem(i) not in M):
                M.append(es.stem(i))

print("M: \n", M)
```

输出结果：

```
M:
 ['book', 'two']
```

2. 利用 NLTK 进行词性标注

前面已经介绍了如何用 NLTK 进行分词、筛选停止词和词干提取等，接下来将介绍如何利用 NLTK 进行词性标注。词性标注就是给已经分完词的单词一个标签，这个标签代表着这个单词的词性。例如 "cat"，可以给它名词的标签（NN），标记 "cat" 是一个名词。词性标注的实现主要使用 NLTK 中的 pos_tag()。

```
import nltk
from nltk.corpus import stopwords
from nltk.tokenize import word_tokenize
s = input()
s = s.lower()
top_words = set(stopwords.words('english'))
s = word_tokenize(s)
tmp = [x for x in s if not x in stop_words]
m = []
for x in tmp:
        if x not in stop_words and x not in m:
                m.append(x)

delete = [',', '.', ':', ';']
for i in delete:
        if i in m:
                m.remove(i)

m = nltk.pos_tag(m)
print(m)
```

输出结果：

```
    [('life', 'NN'), ('chess-board', 'JJ'), ('world', 'NN'), ('pieces', 'NNS'),
('phenomena', 'VBP'), ('universe', 'JJ'), ('rules', 'NNS'), ('game', 'NN'), ('call',
'NN'), ('laws', 'NNS'), ('nature', 'VBP'), ('player', 'NN'), ('side', 'NN'),
('hidden', 'VBD'), ('us', 'PRP'), ('know', 'VBP'), ('play', 'VB'), ('always', 'RB'),
('fair', 'JJ'), ('patient', 'NN'), ('also', 'RB'), ('cost', 'VBD'), ('never', 'RB'),
('overlooks', 'JJ'), ('mistake', 'NN'), ('makes', 'VBZ'), ('smallest', 'JJS'),
('allowance', 'NN'), ('ignorance', 'NN')]
```

这里，关于 NLTK 各个标签的含义，读者可以在编译器中，输入下面这行代码来进行查看，也可以去 NLTK 的官网查看。NLTK 的标签、含义和示例如表 9-1 所示。

```
    nltk.help.upenn_tagset()
```

表 9-1 　　　　　　　　　　　　　　　NLTK 的标签、含义和示例

标签	含义	示例
CC	连词	and、or
CD	数词	first、second
DT	限定词	a、an、the
EX	存在量词	there、here
FW	外来词	Marxism、New Zealand
IN	介词	of、at
JJ	形容词	sad、happy
JJR	比较级形容词	happier、luckier
JJS	最高级形容词	happiest、cheapest
MD	情态动词	can、can't
NN	名词	cat、doctor
NNP	专有名词	sun、China
NNPS	专有名词复数	Chinese、Japanese
NNS	名词复数	cats、dogs
PDT	前限定词	all、both
POS	所有格标记	's
PRP	人称代词	him、her
RB	副词	luckily、beautifully
RBR	副词比较级	further、grander
RBS	副词最高级	best、biggest
RP	虚词	about、along
SYM	符号	?、!
UH	感叹词	wow、goodbye
VB	动词	eat、smell
VDB	动词过去式	ate、ran
VBG	动词现在分词	stirring、focusing
VBN	动词过去分词	dilapidated
VBP	动词现在式非第三人称时态	predominate
VBZ	动词现在式第三人称时态	bases、marks
WDT	WH-限定词	what、who
WP	WH-代词	what、whether
WRB	WH-副词	where

3. 利用 NLTK 进行词形还原

有时候，仅利用词干提取来还原单词是不够的，而且词干提取经常会创造一些字典上并不存在的"新单词"，这也是词干提取和词形还原的最大差别。所谓词形还原，就是在实际的单词基础上进行的还原，而不会凭空创造出新单词。词形还原所用到的是 nltk.stem 中的 WordNetLemmatizer，下面会将其和词干提取一起进行演示。代码如下：

```
import nltk
from nltk.corpus import stopwords
from nltk.tokenize import word_tokenize
from nltk.stem import  WordNetLemmatizer
from nltk.stem import PorterStemmer
ps = PorterStemmer()
wdl = WordNetLemmatizer()
s = input()
s = s.lower()
top_words = set(stopwords.words('english'))
s = word_tokenize(s)
tmp = [x for x in s if not x in stop_words]
m = []
for x in tmp:
    if x not in stop_words and x not in m:
            m.append(x)

delete = [',', '.', ':', ';']
for i in delete:
    if i in m:
            m.remove(i)

m = nltk.pos_tag(m)
print("WordNetLemmatizer: \n")
for i in m:
    if(i[1] == 'NN'):
            print(wdl.lemmatize(i[0], pos='n'), end=' ')

print("PorterStemmer: \n")
for i in m:
    if(i[1] == 'NN'):
            print(ps.stem(i[0]), end=' ')
```

输出结果：

```
WordNetLemmatizer:

life world game call player side patient mistake allowance ignorance
PorterStemmer:

life world game call player side patient mistak allow ignor
```

通过对比可以发现，进行词性标注的词形还原比没有进行词性标注的词干提取的效果好了不知多少。从词干提取输出的"mistak"这个错误中，能够明显看出没有进行词性标注而直接贸然提取词干，会产生很多不存在的单词及一些不想要的单词，从而引发错误。

9.3　泰坦尼克号数据分析

本节将进入实战项目，对泰坦尼克号数据进行建模，并对测试集测试乘客是否生存。泰坦尼克号数据集是 Kaggle 算法平台提供的经典数据集，可以从官方网站中下载该数据集。

Kaggle 算法平台提供了大量形状、大小、格式各异的真实数据集，每个数据集都有对应的一个社区，可以供学习者们相互交流。

如图 9-4 所示，进入官方网站后找到搜索索引。

图 9-4　搜索索引

搜索泰坦尼克号数据集，如图 9-5 所示。

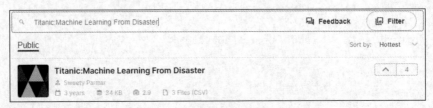

图 9-5　搜索泰坦尼克号数据集

进入数据集的详细页面查看数据集信息，如图 9-6 所示。

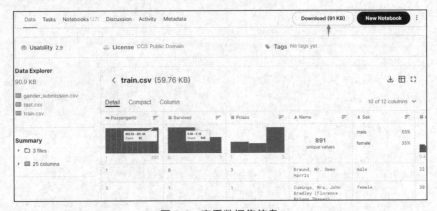

图 9-6　查看数据集信息

然后下载泰坦尼克号数据集，从图 9-6 所示页面还能看到数据集的 Detail（详情）、Compact（参数数组）、Column（柱状图），可以观察数据集的详细信息。表 9-2 所示为泰坦尼克号数据集中的所有字段以及描述。

表 9-2　　　　　　　　　　泰坦尼克号数据集中的所有字段以及描述

字段	描述
PassengerId	乘客编号
Survived	是否生存
Pclass	船票等级
Name	乘客姓名
Sex	乘客性别

续表

字段	描述
SibSp	兄弟姐妹及配偶个数
Parch	父母及子女个数
Ticket	船票号码
Fare	船票价格
Cabin	船舱号
Embarked	登陆港口

下载完数据集之后，就可以导入数据集，并对其进行分析。首先对数据进行探索。

使用 info()了解数据集的基本情况，包括行数、列数、每列的数据类型、数据完整度等。

```
import pandas as pd
data = pd.read_csv(r"D:\train.csv")
print(data.info())
```

输出结果：

```
<class 'pandas.core.frame.DataFrame'>
RangeIndex: 891 entries, 0 to 890
Data columns (total 12 columns):
PassengerId    891 non-null int64
Survived       891 non-null int64
Pclass         891 non-null int64
Name           891 non-null object
Sex            891 non-null object
Age            714 non-null float64
SibSp          891 non-null int64
Parch          891 non-null int64
Ticket         891 non-null object
Fare           891 non-null float64
Cabin          204 non-null object
Embarked       889 non-null object
dtypes: float64(2), int64(5), object(5)
```

使用 describe()了解数据集的统计情况包括总数、平均值、标准差、最小值、最大值等。

```
print(data.describe())
```

输出结果：

```
       PassengerId  Survived   Pclass   ...    SibSp      Parch       Fare
count  891.000000   891.0000   891.000000 ...891.00000  891.000000 891.000000
mean   446.000000   0.383838   2.308642   ...  0.523008 0.381594   32.204208
std    257.353842   0.486592   0.836071   ...  1.102743 0.806057   49.693429
min    1.000000     0.000000   1.000000   ...  0.000000 0.000000   0.000000
25%    223.500000   0.000000   2.000000   ...  0.000000 0.000000   7.910400
50%    446.000000   0.000000   3.000000   ...  0.000000 0.000000   14.454200
75%    668.500000   1.000000   3.000000   ...  1.000000 0.000000   31.000000
max    891.000000   1.000000   3.000000   ...  8.000000 6.000000   512.329200

[8 rows x 7 columns]
```

使用 head()查看前几行（默认是前 5 行）数据：

```
print(data.head())
```

输出结果:

```
     PassengerId  Survived  Pclass   ...   Fare      Cabin   Embarked
0          1         0        3      ...  7.2500      NaN       S
1          2         1        1      ...  71.2833     C85       C
2          3         1        3      ...  7.9250      NaN       S
3          4         1        1      ...  53.1000     C123      S
4          5         0        3      ...  8.0500      NaN       S

[5 rows x 12 columns]
```

使用 tail()查看最后几行（默认是最后 5 行）数据：

```
print(data.tail())
```

输出结果:

```
       PassengerId  Survived Pclass  ...   Fare     Cabin   Embarked
886        887         0       2     ...  13.00     NaN       S
887        888         1       1     ...  30.00     B42       S
888        889         0       3     ...  23.45     NaN       S
889        890         1       1     ...  30.00     C148      C
890        891         0       3     ...  7.75      NaN       Q

[5 rows x 12 columns]
```

利用 isnull().sum()函数进行缺失值统计：

```
print(data.isnull().sum())
PassengerId       0
Survived          0
Pclass            0
Name              0
Sex               0
Age               177
SibSp             0
Parch             0
Ticket            0
Fare              0
Cabin             687
Embarked          2
dtype: int64
```

根据上述信息，发现数据大小是 891，很多数据有缺失值，Age 和 Cabin 缺失比较严重，接下来对数据集进行缺失值补全。

对年龄采用平均值进行补全：

```
import seaborn as sns
import pandas as pd
import matplotlib.pyplot as plt
data = pd.read_csv(r"D:\train.csv")
data['Age'].fillna(data['Age'].mean(), inplace=True)
print(data.isnull().sum())
```

输出结果:

```
PassengerId       0
Survived          0
```

```
Pclass        0
Name          0
Sex           0
Age           0
SibSp         0
Parch         0
Ticket        0
Fare          0
Cabin       687
Embarked      2
dtype: int64
```

接下来对 Embarked 进行补全，首先查看数据中的登陆港口的分布：

```
print(data['Embarked'].value_counts())
```

输出结果：

```
S    644
C    168
Q     77
Name: Embarked, dtype: int64
```

从输出结果中可以看到大部分值都是 S，因此缺失值补全为 S：

```
data['Embarked'].fillna('S', inplace=True)
```

Cabin 特征的值缺失太多，假设是否能够生存与船舱号无关，然后查看数据集中生存人数的占比：

```
import seaborn as sns
import pandas as pd
import matplotlib.pyplot as plt
data = pd.read_csv(r"D:\train.csv")
f,ax=plt.subplots(1,2,figsize=(18,8))
data['Survived'].value_counts().plot.pie(explode=[0,0.1],autopct='%1.1f%%',
ax=ax[0],shadow=True)
ax[0].set_title('Survived')
ax[0].set_ylabel('')
sns.countplot('Survived',data=data,ax=ax[1])
ax[1].set_title('Survived')
plt.show()
```

输出结果如图 9-7 所示。

接下来对特征进行分析，根据分析，猜测存活可能与什么有关？因为可能存在女士优先的原则，所以猜测生存可能与性别有关。

```
Sex     Survived
female  0           81
        1          233
male    0          468
        1          109
Name: Survived, dtype: int64
```

可以明显看出女性生存人数多于男性：

```
f,ax=plt.subplots(1,2,figsize=(18,8))
data[['Sex','Survived']].groupby(['Sex']).mean().plot.bar(ax=ax[0])
```

```
ax[0].set_title('Survived vs Sex')
sns.countplot('Sex',hue='Survived',data=data,ax=ax[1])
ax[1].set_title('Sex:Survived vs Dead')
plt.show()
```

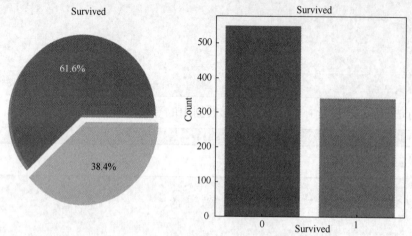

图 9-7　泰坦尼克号数据集中生存人数的占比

输出结果如图 9-8 所示。

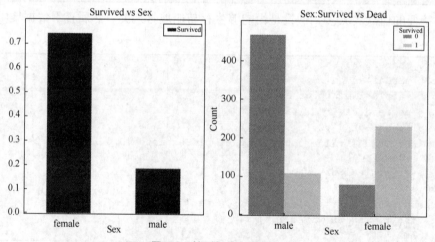

图 9-8　性别与生存的关系

除了性别之外呢？生存还可能与船票等级有关：

```
print(pd.crosstab(data.Pclass,data.Survived,margins=True))
```

输出结果：

```
Survived   0    1    All
Pclass
1          80   136  216
2          97   87   184
3          372  119  491
All        549  342  891
```

可视化操作代码如下：

```
    f,ax=plt.subplots(1,2,figsize=(18,8))
    data['Pclass'].value_counts().plot.bar(color=['#CD7F32','#FFDF00','#D3D3D3'],
ax=ax[0])
    ax[0].set_title('Number of Passengers By Pclass')
    ax[0].set_ylabel('Count')
    sns.countplot('Pclass',hue='Survived',data=data,ax=ax[1])
    ax[1].set_title('Pclass:Survived vs Dead')
    plt.show()
```

输出结果如图 9-9 所示。

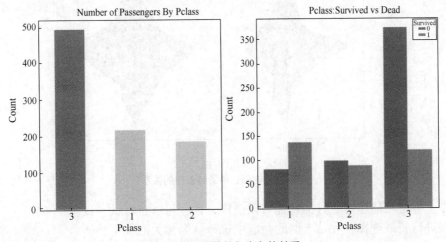

图 9-9　船票等级与生存的关系

以上都是离散值，接下来还有一个可能与生存有关的连续值因素：年龄。代码如下：

```
    sns.violinplot(x = "Survived",y = "Age",data = data,split = True)
    plt.show()
```

输出结果如图 9-10 所示。

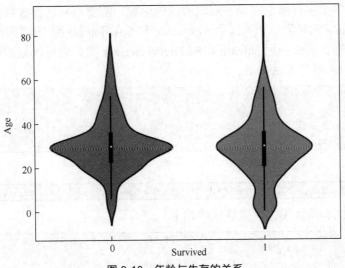

图 9-10　年龄与生存的关系

还可以分析性别、年龄与生存的关系：

```
sns.violinplot(x = "Sex",y = "Age",hue = "Survived",data = data,split = True)
plt.show()
```

输出结果如图 9-11 所示。

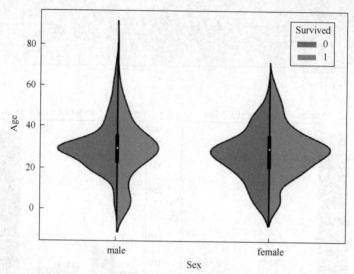

图 9-11   性别、年龄与生存的关系

除了以上特征可能还有更好的特征可以选择，读者可以自行试一试。

接下来进行特征选择，先从上面的特征中选择认为相关的 3 个特征：

```
train_data = pd.read_csv(r"D:\train.csv")
test_data = pd.read_csv(r"D:\test.csv")

features = ['Sex', 'Age','Embarked']
train_features = train_data[features]
train_labels = train_data['Survived']
test_features = test_data[features]
```

特征里有一些值是字符串，它们不方便后续的运算，需要将其转换成数值类型，例如 Sex 字段有 male 和 female 两种取值，可以将 Sex=male 和 Sex=female 两个字段用 0 或 1 来表示。

那该如何操作呢，可以使用 sklearn 中的 DictVectorizer 类，它可以处理符号化的对象，将符号转换成数字 0/1。具体方法如下：

```
from sklearn.feature_extraction import DictVectorizer
dvec=DictVectorizer(sparse=False)
train_features=dvec.fit_transform(train_features.to_dict(orient='record'))
print(dvec.feature_names_)
```

输出结果：

```
['Age', 'Embarked=C', 'Embarked=Q', 'Embarked=S', 'Sex=female', 'Sex=male']
```

接下来选择算法和调优模型，完整代码如下：

```
from sklearn.feature_extraction import DictVectorizer
import pandas as pd
from sklearn.model_selection import GridSearchCV
from sklearn.metrics import make_scorer
from sklearn.metrics import roc_auc_score
```

```
from time import time
from sklearn.tree import DecisionTreeClassifier
from sklearn.svm import SVC
from sklearn.ensemble import RandomForestClassifier
from sklearn.neighbors import KNeighborsClassifier
import numpy as np

train_data = pd.read_csv(r"D:\train.csv")
test_data = pd.read_csv(r"D:\test.csv")


train_data['Age'].fillna(train_data['Age'].mean(), inplace=True)
test_data['Age'].fillna(test_data['Age'].mean(),inplace=True)
train_data['Embarked'].fillna('S', inplace=True)
test_data['Embarked'].fillna('S',inplace=True)


features = ['Sex', 'Age','Embarked']
train_features = train_data[features]
train_labels = train_data['Survived']
test_features = test_data[features]


dvec=DictVectorizer(sparse=False)
train_features=dvec.fit_transform(train_features.to_dict(orient='record'))

def fit_model(alg,parameters):
    X = np.array(train_features)
    y = np.array(train_labels)
    scorer = make_scorer(roc_auc_score) #评分标准
    grid = GridSearchCV(alg,parameters,scoring = scorer,cv = 5)
    start = time() #计时
    grid = grid.fit(X,y)
    end = time()
    t = round(end - start,3)
    print("搜索时间: ",t)
    print(grid.best_params_) #输出最佳参数
    return grid

alg1 = DecisionTreeClassifier(random_state = 15)
alg2 = SVC(probability = True,random_state = 15)
alg3 = RandomForestClassifier(random_state = 15)
alg4 = KNeighborsClassifier(n_jobs = -1)


parameters1={'max_depth':range(1,10),'min_samples_split':range(2,10)}
parameters2 = {"C":range(1,20), "gamma": [0.05,0.1,0.15,0.2,0.25]}
parameters3_1 = {'n_estimators':range(10,200,10)}
parameters3_2 = {'max_depth':range(1,10),'min_samples_split':range(2,10)}
parameters4 = {'n_neighbors':range(2,10),'leaf_size':range(10,80,20)}

clf1 = fit_model(alg1,parameters1)
```

输出结果：

```
搜索时间：0.985
{'max_depth': 2, 'min_samples_split': 2}
```

找到最佳参数，就可以查看模型的精度：

```
alg1 = DecisionTreeClassifier(max_depth=2,min_samples_split=2)
alg1.fit(train_features,train_labels)

test_features=dvec.transform(test_features.to_dict(orient='record'))

print("score:{:.2f}".format(alg1.score(train_features, train_labels)))
```

输出结果：

```
score:0.80
```

还有其他算法可以选择，在这里不一一阐述，读者可以自行试一试。

9.4　小结

本章首先介绍了管道模型的概念和管道模型的用途，并利用 Pipeline 类建立了管道。然后在网格搜索中使用了管道，还介绍了如何利用 make_pipeline() 函数更加简洁地建立管道。接下来介绍了如何在管道中创建多个估计器和分类器，以及利用网格搜索选择合适的参数。然后介绍了关于利用 sklearn 和 NLTK 进行文本数据处理的内容，没有列举一些很复杂的知识，只讲解了一些关于 sklearn 和 NLTK 的基本操作。如果读者还想了解更多的话，建议通过 sklearn 和 NLTK 的官网学习。最后介绍了关于泰坦尼克号数据集的实战。

习题 9

1. 什么是管道模型？
2. 利用管道将任意数量的估计器连接在一起并运用。
3. 通过管道实现模型的选择与调优。
4. jieba 库的 cut() 函数有几种模式？分别有什么作用？
5. 利用其他算法对泰坦尼克号数据集建立模型。

参考文献

[1] MULLER A C，GUIDO S．Python 机器学习基础教程[M]．张亮，译．北京：人民邮电出版社．2018.

[2] 段小手．深入浅出 Python 机器学习[M]．北京：清华大学出版社．2018.

[3] 赵志勇．Python 机器学习算法[M]．北京：电子工业出版社．2017.

[4] 魏贞原．机器学习：Python 实践[M]．北京：电子工业出版社．2018.

参考文献

[1] Wesley J C. Computer Python 程序设计入门与应用[M]. 北京: 清华大学出版社, 2018.

[2] 张志强. Python 程序设计[M]. 北京: 人民邮电出版社, 2018.

[3] Python 核心编程[M]. 北京: 人民邮电出版社, 2017.

[4] 流畅的 Python 语言[M]. 北京: 人民邮电出版社, 2016.